4
1970

Faserforschung und Textiltechnik

WISSENSCHAFTLICH-TECHNISCHE ZEITSCHRIFT
FÜR DIE CHEMIEFASER- UND TEXTILINDUSTRIE

BEGRUNDET VON
ERICH CORRENS UND WALTER FRENZEL

HERAUSGEGEBEN VON ERICH CORRENS
WOLFGANG BOBETH – HANS BÖHRINGER – HERMANN KLARE
BURKART PHILIPP – CHRISTIAN RUSCHER

SCHRIFTLEITER J. BRÄMER UND I. RUSCHER

AUS DEM INHALT

AKADEMIE-VERLAG BERLIN

Faserforsch. u. Textiltechnik • 21. Jahrg. • Heft 4 • Seiten 145—188 • Berlin im April 1970

DK 678.5/.8:541.124:539.2:677.017.4:532.78:536.4:539.26:543.4

Atachodžaev, I. K., Mann, Gerhard, Baranov, V. G., und *Frenkel', S. Ja.*

Dynamik und Morphologie der nichtisothermen Kristallisation von Polymeren in einem mechanischen Dehnungsfeld

Faserforsch. u. Textiltechnik **21** (1970) 4, S. 145—152. 11 Abb., 23 Lit.

Es werden Vorgänge betrachtet, die bei der nichtisothermen Kristallisation von Polymeren in einem mechanischen Dehnungsfeld eine wesentliche Rolle spielen. Hierbei werden die Einflüsse des Temperatur- und Spannungsfeldes einer qualitativen Analyse unterzogen. Die mit Hilfe röntgenographischer und optischer Untersuchungsmethoden erhaltenen Ergebnisse werden anhand vorliegender Erkenntnisse über die Kinetik der Kristallisation von Polymeren diskutiert, wobei auf die beobachtete Abspaltung der Sphärolithe besonders eingegangen wird.

DK 547.548.81:66.062.11:66.062.511:536.658.2

Aboul-Seoud, A.

Die Benetzungswärme von Cellulose in Wasser und Methanol

Faserforsch. u. Textiltechnik **21** (1970) 4, S. 173—176. 1 Tab., 23 Lit.

Die wahre Benetzungswärme von Cellulose in Wasser und Methanol wird versuchsweise aus der experimentell ermittelten „scheinbaren" Benetzungswärme und der latenten Verdampfungswärme dieser Flüssigkeiten sowie der Penetrationswärme berechnet. Aus der Ähnlichkeit der errechneten Werte wird geschlossen, daß die Benetzungswärmen sich zueinander wie die in der Cellulose gebundenen Flüssigkeitsmengen verhalten. Eine Betrachtung auf der Grundlage der Sublimationswärme führt zu ähnlichen Verhältnissen.

DK 674.032.475.3:676.1.022.16:537.533.35:581.4

Philipp, Burkart, Jacopian, Vazgen, und *Casperson, Gerhard*

Chemische und morphologische Untersuchungen zum zeitlichen Verlauf eines Calciumbisulfitaufschlusses von Lärchenholz

Faserforsch. u. Textiltechnik **21** (1970) 4, S. 153—163. 20 Abb., 6 Tab., 29 Lit.

Der Verlauf eines Ca-Bisulfitaufschlusses mit Holz von Larix leptolepis und Larix decidua wurde chemisch und elektronenmikroskopisch verfolgt, wobei Frühholz und Spätholz sowie Normalholz und Reaktionsholz miteinander verglichen wurden. Beim Frühholz setzt die Auflösung des Faserverbandes durch die Delignifizierung der Mittellamelle früher ein als beim Spätholz. In der Endstufe der Kochung ist das normale Spätholz jedoch besser aufgeschlossen. Das Reaktionsholz läßt sich schlechter aufschließen als das Normalholz, was besonders beim Spätholz auffällt.

DK 677.494.674:677.494.021.5:677.017.426:677.019.391

Seyfarth, Hans Eberhard

Versuche zum Alterungsverhalten ungereckter Polyesterseide

Faserforsch. u. Textiltechnik **21** (1970) 4, S. 176—179. 7 Abb., 4 Lit.

Das Alterungsverhalten frisch ersponnener ungereckter Polyesterseide wird mit Hilfe verschiedener Methoden untersucht. Am günstigsten erscheint die zeitabhängige Aufnahme und Auswertung von Kraft-Dehnungsdiagrammen. In den ersten Stunden nach dem Erspinnen tritt meist rasche Alterung ein, die nach ein bis zwei Tagen abgeschlossen ist und durch Tempern der frischen Seide bei 80 °C unter Spannung schon nach wenigen Minuten erreicht werden kann.

DK 677.463:677.46.021.5:677.46.021.523:546.226'33:539.216.1:537.533.35

Gensrich, Heinz Jürgen, und *Gröbe, Anneliese*

Elektronenmikroskopische Untersuchungen an Ultradünnschnitten von Celluloseregeneratfäden

Teil IV. Die Struktur von Gelfäden, ersponnen in Lösungen aus Schwefelsäure und Natriumsulfat

Faserforsch. u. Textiltechnik **21** (1970) 4, S. 163—172. 12 Abb., 2 Tab., 20 Lit.

In Lösungen von Schwefelsäure und Natriumsulfat ersponnene Gelfäden, deren Morphologie mittels Ultramikrotomie untersucht wird, zeigen drei charakteristische Merkmale: Außenmembran, dreidimensionales Cellulosenetz der Strukturelemente und z. T. radiale Kapillaren. Die Ursachen und Mechanismen ihrer Entstehung werden diskutiert.

Die Zeitschrift „Faserforschung und Textiltechnik" erscheint monatlich in Heften zu 48 Textseiten im Format A 4. Der Preis für das Einzelheft beträgt M 15,— (Sonderpreis für DDR M 9,—), für den Vierteljahrbezug M 45,— (Sonderpreis für DDR M 27,—), zuzügl. Bestellgeld. Die Berechnung erfolgt zu Beginn eines Vierteljahrs für 3 Hefte. Bestellungen aus dem Gebiet der Deutschen Demokratischen Republik an ein Postamt, eine Buchhandlung oder den Verlag, aus der Deutschen Bundesrepublik an eine Buchhandlung oder die Auslieferungsstelle Kunst und Wissen, Erich Bieber, 7 Stuttgart 1, Wilhelmstraße 4—6, aus dem Ausland an eine Importbuchhandlung, den Deutschen Buch-Export und -Import GmbH., 701 Leipzig, Postschließfach 276, oder den Akademie-Verlag GmbH., 108 Berlin, Leipziger Str. 3—4 (Fernruf: 220441; Telex-Nr. 0112020; Postscheckkonto 35021) erbeten. Bestellnummer dieses Heftes: 1014/21/4. Alleinige Anzeigenannahme DEWAG-WERBUNG, 102 Berlin, Rosenthaler Str. 28/31, und alle DEWAG-Betriebe in den Bezirksstädten der DDR. — Bestellungen in der UdSSR nehmen entgegen: Städtische Abteilungen von „SOJUZPECHATJ" bzw. Postämter und Postkontore.

Herausgeber und verantwortlich für den Inhalt: Prof. Dr. Erich Correns, Institut für Faserstoff-Forschung der Deutschen Akademie der Wissenschaften zu Berlin, 153 Teltow-Seehof, Fernruf: Teltow 4831; Prof. Dr.-Ing. habil. Wolfgang Bobeth, Institut für Technologie der Fasern der Deutschen Akademie der Wissenschaften zu Berlin, 801 Dresden, Hohe Str. 6, Fernruf: 44721; Prof. Dr.-Ing. Hans Böhringer, Institut für Textiltechnologie der Chemiefasern Rudolstadt, Fernruf: Rudolstadt 2031; Prof. Dr. Hermann Klare, Prof. Dr. habil. Burkart Philipp und Dr. Christian Ruscher, Institut für Faserstoff-Forschung der Deutschen Akademie der Wissenschaften zu Berlin, 153 Teltow-Seehof, Fernruf: Teltow 4831. Schriftleiter: Joachim Brämer und Dipl.-Chem. Ingeborg Ruscher, 153 Teltow-Seehof, Kantstr. 55. Verlag: Akademie-Verlag GmbH., 108 Berlin, Leipziger Str. 3—4. Satz und Druck: Druckhaus „Maxim Gorki", 74 Altenburg. — Veröffentlicht unter der Lizenznummer 1280 des Presseamtes beim Vorsitzenden des Ministerrates der Deutschen Demokratischen Republik.

Faserforschung und Textiltechnik

WISSENSCHAFTLICH-TECHNISCHE ZEITSCHRIFT FÜR DIE CHEMIEFASER- UND TEXTILINDUSTRIE

Band 21 April 1970 Heft 4

Dynamik und Morphologie der nichtisothermen Kristallisation von Polymeren in einem mechanischen Dehnungsfeld

I. K. Atachodžaev, Gerhard Mann[1]), *V.G. Baranov und S. Ja. Frenkel'*

Institut für hochmolekulare Verbindungen der Akademie der Wissenschaften der UdSSR, Leningrad

Deutsche Akademie der Wissenschaften zu Berlin, Institut für Faserstoff-Forschung in Teltow-Seehof

DK 678.5/.8:541.124:539.2:677.017.4:532.78:536.4:539.26:543.4

Es werden Vorgänge betrachtet, die bei der nichtisothermen Kristallisation von Polymeren in einem mechanischen Dehnungsfeld eine wesentliche Rolle spielen. Hierbei werden die Einflüsse des Temperatur- und Spannungsfeldes einer qualitativen Analyse unterzogen. Die mit Hilfe röntgenographischer und optischer Untersuchungsmethoden erhaltenen Ergebnisse werden anhand vorliegender Erkenntnisse über die Kinetik der Kristallisation von Polymeren diskutiert, wobei auf die beobachtete Abplattung der Sphärolithe besonders eingegangen wird.

Динамика и морфология неизотермической кристаллизации полимеров в механическом растягивающем поле

Рассмотрены процессы, играющие существенную роль при неизотермической кристаллизации полимеров в механическом растягивающем поле. При этом проведен качественный анализ влияния температуры и напряжений. Экспериментальные данные, полученные с применением рентгенографии и оптических методов исследования обсуждаются на основании имеющихся сведений о кинетике кристаллизации полимеров, причем особое внимание уделяется найденному эффекту сплющивания сферолитов.

Kinetics and Morphology of Non-isothermal Crystallisation in Polymers during Deformation

The most important processes affecting the non-isothermal crystallisation of polymers under tension are investigated, considering quantitatively the effects of temperature and stress variations along the deformation region. The results obtained by X-ray and optical investigations are discussed, referring to previous data on the cristallisation kinetics of polymers and giving special regard to the flattening off of sphärolithes.

1. Einleitung

In einer Reihe von Arbeiten [1 bis 4] haben wir Erscheinungen beschrieben, die beim Dehnen von Strahlen ausreichend konzentrierter Polymerlösungen auftreten. Rein qualitativ war es möglich, alle zu beobachtenden Erscheinungen, einschließlich der Umwandlung eines Strahls in einen Faden, im Rahmen der Vorstellungen über das Dehnfließen zu interpretieren. Eine der Hauptcharakteristiken eines derartigen Fließens ist die Zunahme der Dehnviskosität mit Erhöhung des Geschwindigkeitsgradienten.

Jedoch ist es bisher nur gelungen, die unmittelbar beobachteten Effekte (in erster Linie das Herausdrücken des Lösungsmittels aus dem der Dehnung unterliegenden Strahl) zu beschreiben und quantitativ einige post-Effekte zu charakterisieren.

Eine realistischere Behandlung der Prozesse, die in einer Dehnung unterworfenen Polymerlösungs- und Polymerschmelzestrahlen verlaufen, erfordert in erster Linie eine detaillierte Betrachtung aller sich addierenden „Subprozesse", von denen jeder durch seine Kinetik, Dynamik und Geometrie oder Morphologie gekennzeichnet ist. Es ist gegenwärtig fast unmöglich, ein Dehnfließen in reiner Form zu realisieren. Neben diesem Fließen (Prozeß Nr. 1) muß man folgende Effekte beachten:

2. Kristallisation (wenn das Polymere kristallisiert). Obwohl in speziellen Fällen das Dehnfließen mit einer Orientierungskristallisation abschließen kann, findet gewöhnlich eine komplizierte Überlagerung der normalen und Orientierungskristallisation statt, die letzten Endes zur Bildung von zwei kristallinen morphologischen Strukturen im Polymeren führt.

3. Effekte infolge nichtisothermer Bedingungen. Diese Effekte sind von *Ziabicki* [5 bis 7] betrachtet worden, wobei der Autor zur Vereinfachung eine Reihe von Annahmen machte. Selbst wenn man im Rahmen dieser Vereinfachungen bleibt, ist es jedoch notwendig, die Geometrie dieser nichtisothermen Bedingungen (s. Bild 2) zu berücksichtigen. Unter unseren Versuchsbedingungen, die man als typisch für derartige Untersuchungen ansehen kann (größte Annäherung an die realen Bedingungen beim Erspinnen von Fäden nach dem Trockenspinnverfahren oder aus der Schmelze), übt einen entscheidenden Einfluß auf die Kinetik der Kristallisation das Vorliegen von zwei aufeinander senkrecht stehenden Temperaturgradienten aus, die sich anscheinend um eine Größenordnung unterscheiden. Einer dieser Gradienten (der axiale) zeigt sich außerdem in den zeitlichen Charakteristiken der Kristallisation, die man nicht ausschließen darf, wenn man die Kristallisation als einen quasimomentanen Prozeß betrachtet, der in den verschiedenen Ebenen (Querschnitten) des Strahls mit unterschiedlicher Geschwindigkeit abläuft.

4. Dynamische Effekte des äußeren Feldes. Sie wurden ebenfalls in „nullter" Näherung von *Ziabicki* betrachtet. Die einfachste Variante der dynamischen Effekte haben wir bereits früher [3, 4] behandelt: dies ist die Orientierungskristallisation, die derjenigen in Kautschuken ähnlich ist, oder das mechanische Einfrieren nach *Bartenev* [8]. *Ziabicki* berücksichtigte die nichtisothermen Verhältnisse des Prozesses, die die einfache Dynamik komplizierter machen, aber er betrachtete die Wirkungen der zueinander senk-

[1]) Die Arbeit entstand während eines dreimonatigen Studienaufenthaltes von Dr. *G. Mann* im Leningrader Institut.

rechten Temperaturgradienten nicht getrennt. Eine erste Näherung, die in der vorliegenden Arbeit unternommen wird (s. auch [9]), zieht die direkte Wirkung des äußere Feldes auf die „gewöhnliche" Kristallisation (Sphärolithbildung) in Betracht.

In dieser Arbeit werden wir versuchen, die genannten Effekte getrennt zu behandeln. Die Zeit für eine quantitative Berechnung der Superposition dieser Effekte ist unserer Überzeugung nach noch nicht gekommen. Jedoch dürfte für die Polymerphysik und die Strukturmechanik der Weg stufenförmiger Annäherungen, auf dem in die Analyse eines jeden der Subprozesse Elemente einer quantitativen Beschreibung eingeführt werden können, von Interesse sein.

Da die Versuche, die ihrem Wesen nach physikalischer Natur sind, unter Bedingungen durchgeführt wurden, die dem Erspinnen von Fäden aus der Schmelze recht nahe kommen, könnte diese Arbeit auch von praktischem Interesse sein.

2. *Apparatur und Materialien*

Die Versuche wurden hauptsächlich unter Anwendung von zwei Laborapparaturen zum Trocken- und Schmelzspinnen durchgeführt. Die erste von ihnen unterscheidet sich im Prinzip von industriellen Trockenspinnmaschinen nur durch die Abmessungen und das Vorhandensein eines speziellen Steuerpultes, das eine Änderung der Spinnparameter in sehr weiten Grenzen gestattet. Diese Apparatur ist in den Arbeiten [10, 11] beschrieben worden.

Vom technologischen Standpunkt aus erhält man mit Hilfe dieser Vorrichtung nur Nachahmungen technischer Fäden. Wir möchten jedoch unterstreichen, daß wir physikalische Ziele verfolgt haben; deshalb wurden einzelne maschinelle Parameter (Reck- und Aufwickelgeschwindigkeit und dgl.) sowie abgeleitete mechanische Parameter bewußt übertrieben. Nur bei einer derartigen Durchführung der Versuche kann man quantitative Korrelationen zwischen der Dynamik des Spinn- und Reckprozesses (einschließlich aller Temperatureffekte), den mechanischen Eigenschaften (in erster Linie Reißfestigkeit, Reißdehnung und statischer Elastizitätsmodul) und der Fadenstruktur feststellen.

Die zweite Apparatur, die in Bild 1 schematisch dargestellt ist und die ebenso eine breite Variation der Spinnbedingungen zuläßt, unterscheidet sich von der ersten durch folgende prinzipiell wichtige Besonderheiten:

1. Der Aufbau des optischen Teils, der in vielem dem „statischer" Rheodiffraktometer (z. B. [12]) analog ist und bei dem als Lichtquelle ein kontinuierlich arbeitender Gaslaser angewandt wurde, gestattet eine unmittelbare Beobachtung der Struktur oder Strukturänderungen in verschiedenen Ebenen des erstarrenden Strahls.
2. Die Spinnvorrichtung ist kein Extruder im üblichen Sinne dieses Wortes; deshalb sind Störungen, die mit dem Übergang vom radialen zum axialen Geschwindigkeitsgradienten (beim Austritt aus der Düsenbohrung) verknüpft sind, auf ein Minimum herabgedrückt: die Lösung oder Schmelze wird nicht in solchem Maße herausgedrückt, wie sie (durch den Strahl) aus dem Spinnelement herausgezogen wird, wodurch die Spinnbedingungen einem Dehnfließen angenähert werden.

Die Struktur der frischersponnenen Fäden wurde röntgenographisch mittels Weitwinkel- und Kleinwinkelstreuung sowie durch Aufnahme von Streudiagrammen mit polarisiertem Licht untersucht. Auf der ersten Spinnvorrichtung wurden nur Fäden aus der Schmelze ersponnen, auf der zweiten auch aus Lösung. Als Untersuchungsobjekte wurden typische kristallisierende Polymere gewählt: HD-Polyäthylen (HD-PÄ), ND-Polyäthylen (ND-PÄ) und isotaktisches Polypropylen (IPP), das wir vom Forschungsinstitut für Makromolekulare Chemie in Brno, ČSSR, erhalten haben[2]).

3. *Qualitative Analyse des Temperatur- und Spannungsfeldes in dem einer Dehnung unterworfenen Strahl eines kristallisierenden Polymeren*

In Bild 2 ist das Ausfließen der Polymerschmelze oder -lösung aus der Düse schematisch dargestellt (das Schema entspricht dem Vorgang, der bei Benutzung der ersten Spinnapparatur abläuft, aber man kann ihn leicht auch auf der zweiten Spinnvorrichtung reproduzieren). Wir werden nun einige „kritische" Querschnitte des Strahls im Abstand x vom Koordinatenursprung (Austritt aus der Düse) betrachten.

Der axiale Geschwindigkeitsgradient wird durch die Differenz zwischen der Ausfließ- (v_1) und Abzugsgeschwindigkeit (v_2) des Strahls (Fadens) während des Spinnens erzeugt. Eine relative — und vom Standpunkt der Mechanik aus äußerst unglücklich gewählte — Charakteristik dieses Gradienten sowie auch der mittleren Zugspannung längs des Strahls ist der sogenannte Verzug V. Wir werden im weiteren nur diese Kenngröße anwenden, da sie sich einfach bestimmen läßt:

$$V = v_2/v_1; \tag{1}$$

[2]) Für die Überlassung von Proben isotaktischen Polypropylens sind wir dem Direktor dieses Instituts, Herrn Dr. *J. Pech*, zu Dank verpflichtet.

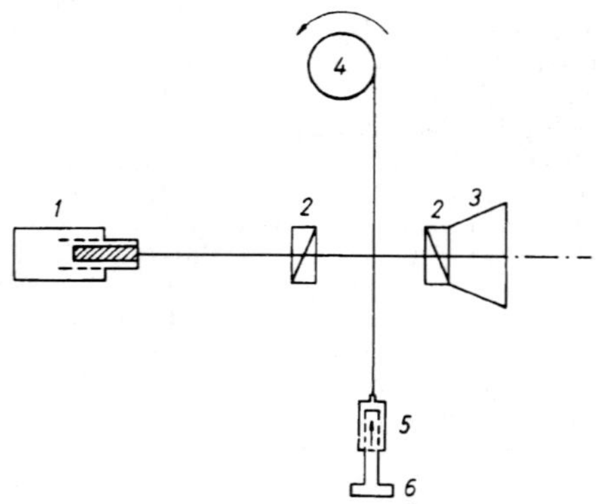

Bild 1. Schematische Darstellung der beim Spinnen aus Lösungen benutzten Vorrichtung:
1 — Quantengenerator LG-75, 2 — Polaroide, 3 — Registriereinrichtung, 4 — Aufwickeleinrichtung, 5 — Spinnkopf mit Heizung, 6 — Mechanismus zur Regulierung der Ausfließgeschwindigkeit

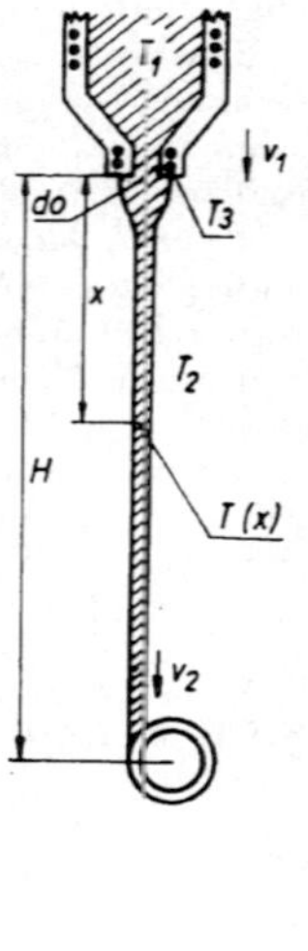

Bild 2. Schema der Fadenbildung aus der Schmelze: T_1, T_2 und T_3 — Temperatur der Schmelze, des Schachtes bzw. der Düsenzone; d_0 — Durchmesser der Düsenbohrung, H — Höhe des Schachtes, v_1 — Ausfließgeschwindigkeit, v_2 — Abzugsgeschwindigkeit

dann können wir für den axialen Geschwindigkeitsgradienten schreiben:

$$\frac{\partial v}{\partial x} = f_1(x); \ \frac{\partial f_1}{\partial x} \neq \text{const.} \quad (2)$$

und für die effektive Spannung in der Ebene x

$$\sigma_x = f_2(x); \ \frac{\partial f_2}{\partial x} \neq \text{const.} \quad (3)$$

Benutzt man Mittelwerte dieser Größen, so haben die Beziehungen

$$\left\langle\frac{\partial v}{\partial x}\right\rangle = \frac{1}{H}\int_{x=0}^{H} \frac{\partial v}{\partial x}\, dx, \ \bar{\sigma} = \frac{1}{H}\int_{x=0}^{H} f_2(x)\, dx \quad (4)$$

nur dann einen Sinn, wenn die Funktionen $f_1(x)$ und $f_2(x)$ bekannt sind; dementsprechend kann V auch nur indirekt diese Mittelwerte charakterisieren. Zum Gesagten ist hinzuzufügen, daß sich die Struktur des Materials (s. unten) längs der x-Achse wesentlich ändert, was zusätzliche Schwierigkeiten in die Bestimmung der lokalen Werte $\partial v/\partial x$ und σ_x hineinträgt. Hinsichtlich der Funktionen $f_1(x)$ und $f_2(x)$ kann man nur eine sehr allgemeine Annahme machen. Da mit zunehmender Verfestigung der Schmelze (und des Strahls überhaupt) ihre Viskosität, und dabei auch ihre Dehnviskosität

$$\bar{\bar{\eta}}_x = \left(\frac{\partial v}{\partial x}\right)^{-1} \cdot \sigma_x \quad (5)$$

ansteigt, ist $f_1(x)$ am ehesten eine fallende und $f_2(x)$ eine wachsende Funktion.

Betrachten wir das die Düse einschließende Schema (Bild 2), so ist es notwendig, neben dem axialen Geschwindigkeitsgradienten einen radialen Geschwindigkeitsgradienten $\partial v/\partial r$ anzunehmen, der ebenfalls eine Funktion von x ist und mit wachsendem x gegen Null strebt. Jedoch wird $\partial v/\partial r$ kaum Null, bevor der Strahl die Aufnahmespule erreicht, denn das Erkalten des Strahls in diametraler Richtung findet ungleichmäßig statt, wobei es durch den radialen Temperaturgradienten bestimmt wird, der auch eine Funktion von x ist.

Bevor wir zu den Temperaturgradienten übergehen, sei auf eine wesentliche Besonderheit hingewiesen, durch die sich $\partial v/\partial x$ von $\partial v/\partial r$ unterscheidet. An und für sich bewirkt der axiale Geschwindigkeitsgradient immer eine Antithixotropie [4, 13], d. h., er trägt dazu bei, daß noch im flüssigen Zustand eine strukturelle Ordnung entsteht; in einem Scherfeld hingegen zerstört der Gradient in der Regel (im Falle der Schmelze gibt es jedoch Ausnahmen, s. [14, 15]) jegliche Strukturen in der Lösung und Schmelze. Wenn dieser Gradient genügend groß ist — und einfache Rechnungen zeigen, daß dies der Fall ist [16] — so fließt aus der Düse praktisch eine strukturlose Lösung oder Schmelze, die nur zufällige Dichteschwankungen aufweist. Für die weitere Betrachtung ist dies wesentlich, denn man kann demzufolge annehmen, daß nahe $x = 0$ im Strahl Kristallisationskeime (oder „fertige" Keime) fehlen.

Die Geometrie des Temperaturfeldes wird ebenfalls durch zwei Gradienten charakterisiert. Der axiale Gradient wird bestimmt als $\partial T/\partial x = F_1(x, r)$ und der radiale als $\partial T/\partial r = F_2(x, r)$.

Wiederum verfügen wir gegenwärtig über keinerlei Grundlagen, die uns berechtigen, diese beiden Gradienten für lineare Funktionen von x und r zu halten (dasselbe gilt auch für die Temperatur selbst). Man kann nur a priori behaupten, daß bei $x = \text{const.}$

$$\frac{\partial T}{\partial x} \ll \frac{\partial T}{\partial r}, \quad (6)$$

denn die tatsächliche Erstarrung des Strahls findet in radialer Richtung statt. Jedoch sollte die Ungleichung (6) eine große Rolle bei der Interpretation der experimentellen Ergebnisse spielen.

Bevor wir zu diesen Ergebnissen übergehen, wollen wir unter Anwendung der Methode „stufenweiser Annäherungen" betrachten, welche Effekte man vom Vorliegen eines axialen Geschwindigkeitsgradienten und zweier Temperaturgradienten erwarten kann.

Die normale Kurve, die die Abhängigkeit der Kristallisationsgeschwindigkeit von der Temperatur charakterisiert, ist in Bild 3a dargestellt. Da wir eine festgelegte Ebene x betrachten und die Temperatur dort

$$T(x) = T_3 - \int_0^x \frac{\partial T}{\partial x}\, dx \quad (7)$$

ist, so ist klar, daß die Abhängigkeit der Kristallisationsgeschwindigkeit von x (s. Bild 3b) in bestimmtem Maße die Kurve 1 in Bild 3a nachahmt. Dies zog auch *Ziabicki* in einer seiner zitierten Arbeiten [5] in Erwägung. Jedoch betrachtete er nicht den Einfluß des axialen Geschwindigkeitsgradienten. Aber der Einfluß des axialen Geschwindigkeitsgradienten ist nur dann

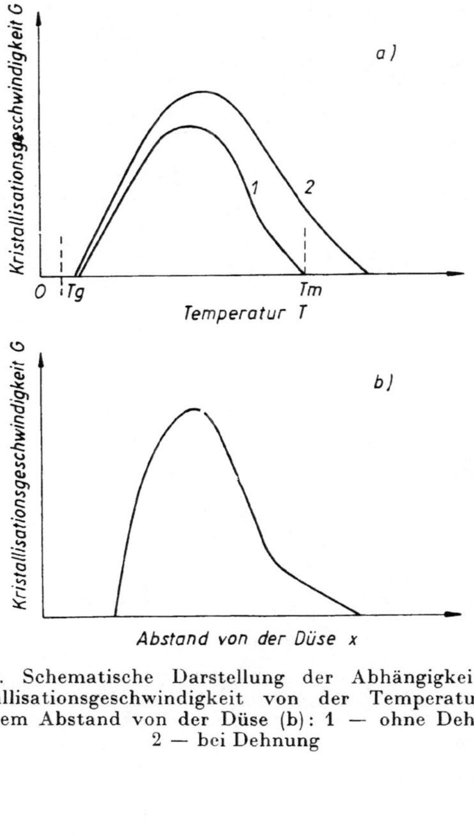

Bild 3. Schematische Darstellung der Abhängigkeit der Kristallisationsgeschwindigkeit von der Temperatur (a) und dem Abstand von der Düse (b): 1 — ohne Dehnung, 2 — bei Dehnung

eindeutig, wenn nur eine Orientierungskristallisation stattfindet: dann verschieben sich die Kurve für die Kristallisationsgeschwindigkeit und die Kristallisationsfront in Richtung höherer Temperaturen (Bild 3a, Kurve 2). Diesen Sachverhalt kann man leicht verstehen, wenn man sich an die Orientierungskristallisation gewöhnlicher Kautschuke aus dem hochelastischen Zustand erinnert. Die Dehnung ruft bei einer Temperatur, bei der der Kautschuk in Abwesenheit eines Dehnungsfeldes amorph ist, eine Kristallisation hervor. Folglich scheint das Dehnfeld die Schmelztemperatur zu erhöhen oder, was dasselbe ist, im System eine „Unterkühlung" zu bewirken. Durch ähnliche Überlegungen erhalten wir auch die Kurve 2 in Bild 3a.

Wie jedoch bereits erwähnt wurde, kann neben der Orientierungskristallisation im erstarrenden Medium auch eine gewöhnliche Kristallisation, das Wachsen von Sphärolithen [11], erfolgen. Obwohl getrennt vorliegende Sphärolithe eine Kugelsymmetrie besitzen, können sich die Keimbildung und das anschließende Wachstum der „Sphärolithstrahlen" nicht gleichgültig gegenüber der Symmetrie oder Asymmetrie des Kraftfeldes verhalten. Es ist merkwürdig, daß *Ziabicki* in seinen Arbeiten indirekt den axialen Geschwindigkeitsgradienten in Form einer Glockenkurve (Bild 3a, Kurve 2) berücksichtigte, aber den naheliegenden Einfluß des axialen Geschwindigkeitsgradienten auf die Orientierungskristallisation (und diese Kristallisation selbst) vernachlässigte. In der Tat, man muß bei der „gewöhnlichen" Keimbildung und dem Wachstum der Kristallite das Minimum zweier Faktoren berücksichtigen:

a) Einfluß der Kettensteifigkeit auf die Keimbildung. Die unter dem Einfluß eines orientierenden Feldes erfolgende Bildung einiger mikroorientierter Bereiche, die kleine Abschnitte einzelner Ketten umfassen (dies kommt einer lokalen „Versteifung" der Ketten gleich), sollte die Keimbildung beschleunigen. In dieser Hinsicht ist sehr charakteristisch Bild 4 [17], das die merkliche Zunahme der Kristallisationsgeschwindigkeit G von Kautschuken bei Dehnungen veranschaulicht, die für eine Orientierungskristallisation, wie man weiß, nicht ausreichen.

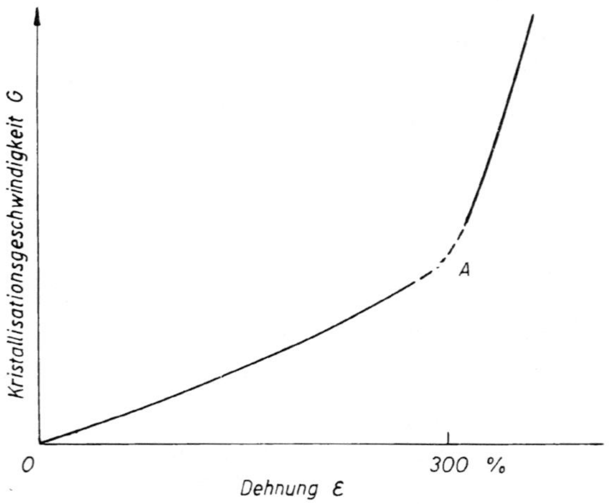

Bild 4. Schematische Darstellung der Abhängigkeit der Kristallisationsgeschwindigkeit eines Kautschuks von der Dehnung. A ist der Bereich des Übergangs zur Orientierungskristallisation

b) Nichtgleichberechtigung der Wachstumsrichtungen in bezug auf das Dehnungsfeld. Wenn das Wachsen der Kristallite in Richtung der kristallographischen c-Achse erfolgt, so müßte es von der Dehnung begünstigt werden (im Grenzfall würden wir eine Orientierungskristallisation erhalten). In Wirklichkeit weisen aber die Kristallite in den „Strahlen" der Sphärolithe eine Faltungsstruktur auf, wobei die c-Achse in den Faltungen senkrecht zur großen Achse der „Strahlen" steht. Dementsprechend muß der axiale Geschwindigkeitsgradient, wenn er hinsichtlich der Richtung mit den großen Achsen der „Strahlen" zusammenfällt, in Übereinstimmung mit dem Prinzip von *Le Chatelier* und *van't Hoff* sowohl das Wachstum der Kristallite als auch der „Strahlen" selbst unterdrücken.

Schließlich führt der radiale Temperaturgradient (der groß ist und sich sogar innerhalb der Grenzen eines wachsenden Sphärolithen fühlbar machen kann) dazu, daß die Wachstumsgeschwindigkeit — zumindest auf dem aufsteigenden Ast der Kurve $G(x)$ (Bild 3b) — in r-Richtung vom Zentrum zur Peripherie hin zunehmen muß.

4. *Ergebnisse und Diskussion*

In den Bildern 5 bis 11 sind die hauptsächlichen Ergebnisse wiedergegeben. Es sei daran erinnert, daß wir mangels besserer Möglichkeiten als relative Kenngröße für den mittleren axialen Geschwindigkeitsgradienten den Parameter V genommen haben. Bild 5 und 6 bestätigen in überzeugender Weise die in früheren Arbeiten [9, 11] von uns an anderen Objekten erhaltenen Ergebnisse, die die Konkurrenz „zweier Kristallisationen" betreffen. In der Tat, die hyperbolische Abnahme des Radius der Sphärolithe mit wachsendem V spricht für zunehmende Störungen, die durch das Feld in das nichtgerichtete Wachstum der Kristallite hineingetragen werden. Das Streben von R gegen Null bedeutet einen Übergang zu einer Orientierungskristallisation oder zu einem ähnlichen Prozeß (s. unten). Bild 6 zeigt bereits für die mit Röntgenstrahlen erfaßbaren Bereiche eine Koexistenz von zwei kristallinen „Phasen" an — eine orientierte (zum Äquator hin zusammengezogene Sicheln) und eine Sphärolithphase (*Debye/Scherrer*-Ringe). Man kann sich leicht davon überzeugen, daß

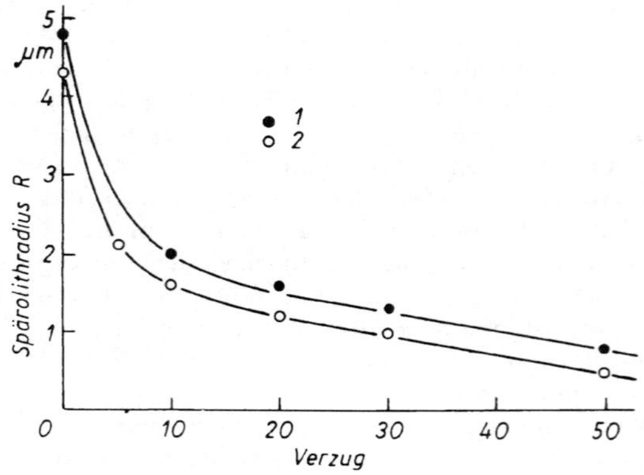

Bild 5. Abhängigkeit des Sphärolithradius vom Verzug
1: $T_3 = 300\,°C$, 2: $T_3 = 200\,°C$

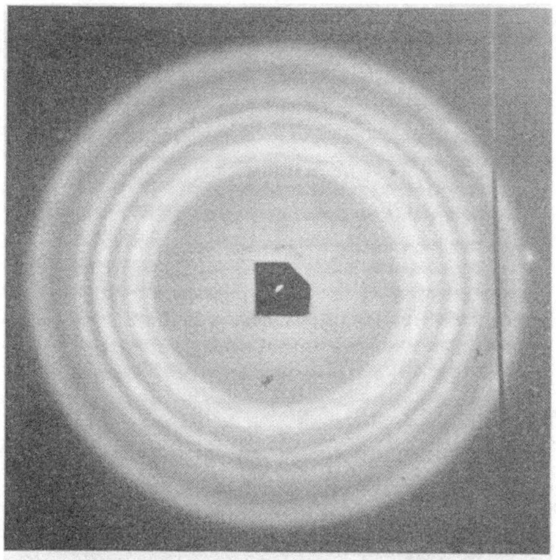

Bild 6a

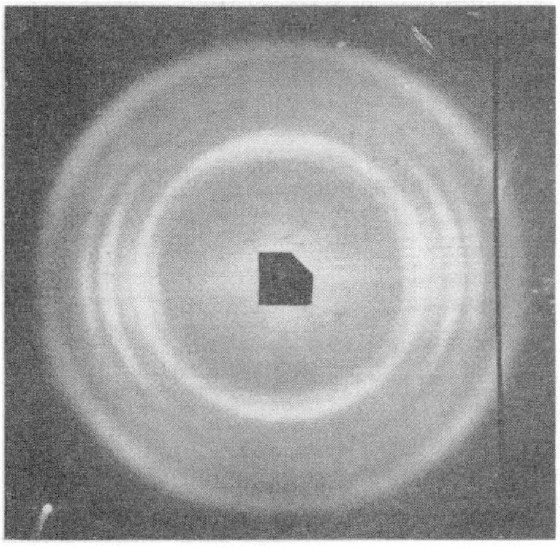

Bild 6b

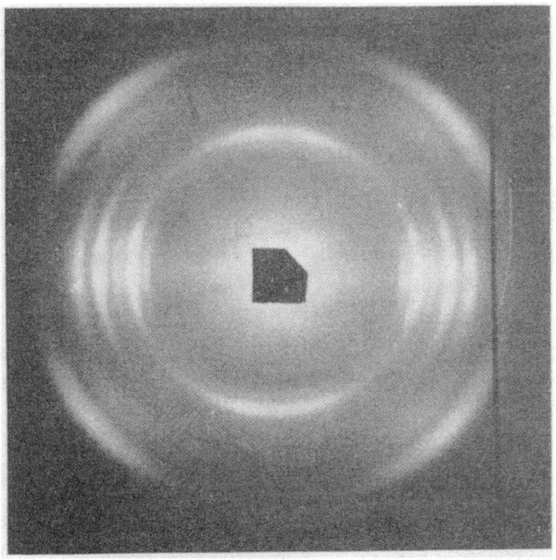

Bild 6c

Bild 6. Röntgendiagramme von Fäden aus isotaktischem Polypropylen, ersponnen bei:
$V = 5$ (a), $V = 100$ (b), $V = 200$ (c)

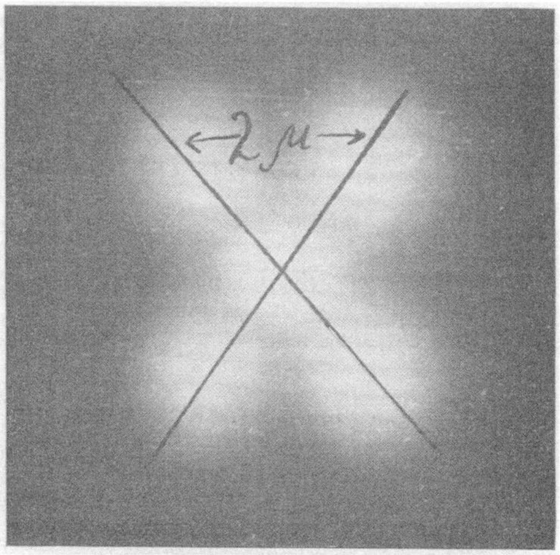

Bild 7. H_v-Diffraktogramm eines aus isotaktischem Polypropylen ersponnenen Fadens

mit wachsendem Verzug die Intensität der Ringe in die der Sicheln übergeht.

Jedoch bereits Bild 7 und die sich aus ihm ergebenden Folgerungen weisen darauf hin, daß es verfrüht wäre, auf einen Übergang zu einer „reinen" Orientierungskristallisation zu schließen. Bild 7 — das ist ein direktes experimentelles Ergebnis. Ohne auf Einzelheiten der Interpretation von Diffraktogrammen einzugehen, die mit polarisiertem Licht aufgenommen wurden (s. [11 und 12]), sei festgestellt, daß die auf der Abbildung deutlich erkennbare Abweichung des doppelten Azimutwinkels von einem rechten Winkel ($2\mu < 90°$) eine Abplattung der Sphärolithe in bezug auf die Dehnungsrichtung bedeutet.

Die Abplattung wird nach der Formel [18]:

$$\lambda_e = \operatorname{tg} \mu_m \tag{8}$$

berechnet, wobei μ_m der Winkel der maximalen azimutalen Streuung ist. Wie aus Bild 8 ersichtlich ist, nimmt mit steigendem Verzug die Abplattung zu.

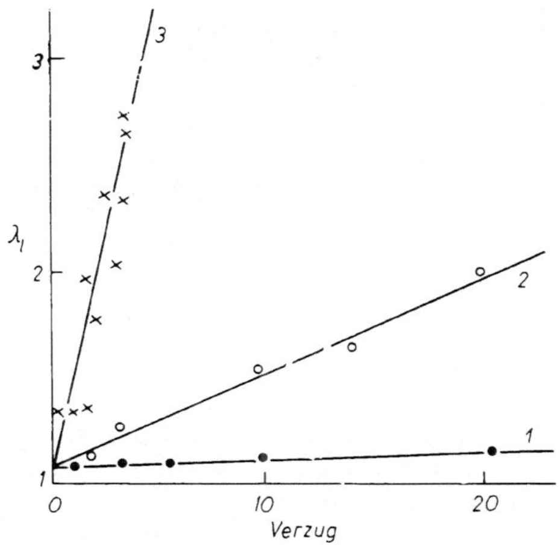

Bild 8. Abhängigkeit der Abplattung der Sphärolithe vom Verzug: 1 — Fäden aus isotaktischem Polypropylen, 2 — Polyäthylenfolien, 3 — Polyäthylenfäden

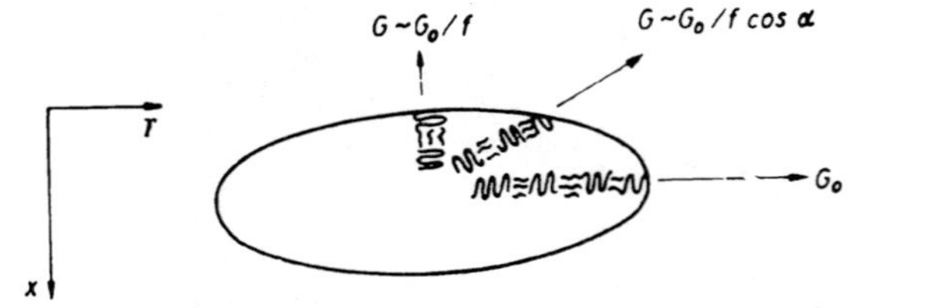

Bild 9. Schema für das Wachstum eines Sphärolithen beim Dehnen des Schmelzestrahls

All dies erscheint völlig logisch, wenn man die im vorangegangenen Abschnitt dargelegten qualitativen Überlegungen berücksichtigt. Gehen wir jetzt zur nächsten Stufe über und versuchen, das oben Gesagte durch Formeln — zunächst von allgemeinem Charakter — zu erläutern.

Betrachten wir ein Schema (Bild 9) für das Wachsen eines Sphärolithen in einem uneinheitlichen Temperatur- und Geschwindigkeitsfeld; die Dehnungsrichtung ist durch einen Pfeil angezeigt. Zunächst werden wir das bemerken, was die Formel nicht fordert: unterschiedliche Bereiche des wachsenden Sphärolithen befinden sich in unterschiedlichen Temperaturzonen; während wir wegen der geringen Größe des axialen Temperaturgradienten diese Unterschiede in der x-Richtung vernachlässigen können, können sie in der r-Richtung bereits wesentlich sein.

Nunmehr sei die Aufmerksamkeit auf folgendes gelenkt: es wurde oben festgestellt, daß die Beschleunigung des Wachstums vom Zentrum zur Peripherie des Fadens (Strahls) hin auf dem aufsteigenden Ast der Kurve $G(x)$ stattfinden muß. Aber höchstwahrscheinlich wird namentlich auf diesem aufsteigenden Ast auch die größte Anzahl der Sphärolithe gebildet. Deshalb können wir im Rahmen der früher getroffenen Annäherungen die späteren (oder einem größeren x entsprechenden) Vorgänge nicht in Betracht ziehen. Dann muß der Abfall der Temperatur in x-Richtung — vorausgesetzt, daß das Maximum der Geschwindigkeit für die Ebene x noch nicht erreicht ist — eine Beschleunigung des Wachstums der peripheren (in r-Richtung) Bereiche des Sphärolithen bedeuten. Und dies erklärt schon teilweise die beobachtete Abplattung.

Gehen wir jetzt zur Rolle des axialen Geschwindigkeitsgradienten über.

In Abwesenheit eines äußeren Feldes und bei gleichmäßiger Temperaturverteilung ist die Kristallisationsgeschwindigkeit in allen Richtungen gleich und gemäß [9]:

$$G_0 = K' \exp\left[-\frac{E_D}{kT} - \frac{\Delta F_0{}^*}{kT}\right], \tag{9}$$

wobei E_D die Aktivierungsenergie für den Übergang durch die Grenzfläche Flüssigkeit/Kristall und ΔF_0^* die Energie für die Bildung eines kritischen Kerns bei Fehlen äußerer Einwirkungen bedeutet. Gewöhnlich wird E_D mit der Aktivierungsenergie des viskosen Fließens identifiziert, und man vernachlässigt die Temperaturabhängigkeit dieser Größe; dagegen ist die Energie ΔF_0^* namentlich eine Funktion der Unterkühlung ΔT und der Schmelzwärme ΔH_u (berechnet auf eine Monomereinheit oder einen Grundbaustein):

$$\Delta F^* = \frac{\text{const}\,\sigma_e\,[\sigma_u\,T^0_{\text{Schm.}}]^i}{[\Delta H_u\,\Delta T]^i}. \tag{10}$$

In dieser Formel sind σ_e und σ_u die freien Bildungsenergien der Stirn- bzw. der Seitenfläche eines Keims („primären Pakets"; man darf diesen Terminus nicht mit den von *Kargin* und *Slonimskij* definierten Paketen [19] verwechseln), $T^0_{\text{Schm.}}$ ist die Schmelztemperatur im Gleichgewicht und $i = 1$ oder 2 in Abhängigkeit von der Art der Keimbildung [17].

Wie bereits erwähnt wurde, führt das Vorliegen eines axialen Geschwindigkeitsgradienten zu einem Anstieg der Dehnviskosität und dementsprechend zu einer Erhöhung der Aktivierungsenergie des viskosen Fließens (wenn man will, kann man von einer Erhöhung der *Trouton*-Viskosität sprechen, obwohl dieser Terminus — auf Polymere angewandt — umstritten ist). Schon hieraus folgt, daß die Wachstumsgeschwindigkeit des Sphärolithen in Dehnungsrichtung kleiner sein sollte als in hierzu senkrechter Richtung; aber dies führt auch schon zu einer Abplattung.

Was die zweite Aktivierungsenergie ΔF_0^* betrifft, so sollten die in sie eingehenden spezifischen und molekularen Parameter σ_e, σ_u und ΔH_u nicht von äußeren Einwirkungen abhängen, während $T^0_{\text{Schm.}}$ in Analogie mit den aus der Gleichung von *Clausius/Clapeyron* für dreidimensionale Systeme (in eindimensionalen müßte man das Volumen durch die Länge und den Druck durch die Zugspannung σ_x ersetzen) folgenden Voraussagen von der Zugspannung abhängt. Rein qualitativ haben wir diese Abhängigkeit bereits diskutiert, indem wir als Analogon die Orientierungskristallisation von Kautschuken heranzogen.

Aus der „linearen" Variante der Gleichung von *Clausius/Clapeyron* folgt, daß eine Erniedrigung oder Erhöhung der Schmelztemperatur in Abhängigkeit von der Spannung (bei unseren Bezeichnungen σ_x) durch folgende Beziehung gegeben wird [20, 21]:

$$\pm\,\Delta T(\sigma_x) = \frac{T(\sigma_x)\,(V_1 - V_2)}{\Delta H_u}, \tag{11}$$

wobei V_1 und V_2 das spezifische Volumen des Systems im flüssigen bzw. kristallinen Zustand sind. Das Vorzeichen von ΔT wird, wie bereits erwähnt, durch die gegenseitige Orientierung der kristallographischen „c"-Achse und des Gradienten $\partial v/\partial x$ bestimmt. Dann ist aus dem in Bild 9 gezeigten Schema sofort ersichtlich, daß das Dehnungsfeld das Wachstum der Kristallite um so weniger unterdrückt, je mehr sich die Orientierung der „Strahlen" in bezug auf die Dehnungsrichtung dem Grenzwert 90° nähert. Für die zwei Grenzwerte der Orientierung (0 und 90°) erhalten wir:

$$\Delta F^{\parallel *} = \text{const}\left[\frac{T^0_{\text{Schm.}} - \Delta T(\sigma_x)}{\Delta T - \Delta T(\sigma_x)}\right]^i;$$

$$\Delta F_{\perp}{}^* = \text{const}\left[\frac{T^0_{\text{Schm.}} + \Delta T(\sigma_x)}{\Delta T + \Delta T(\sigma_x)}\right]^i. \tag{12}$$

In der Tat, für Strahlen, deren Orientierungswinkel 90° nahekommt, ruft das äußere Feld einen Effekt hervor, der einer „lokalen" Orientierungskristallisation analog ist, indem es die Bildung von Kettenfaltungen begünstigt, und für Strahlen, die nahe zur Dehnungsachse orientiert sind, tritt ein entgegengesetzer Effekt auf.

Somit ist $\Delta F_{\parallel}^* > \Delta F_{\perp}^*$, mit anderen Worten: der Einfluß des axialen Geschwindigkeitsgradienten auf beide Aktivierungsenergien in (9) führt zu einer Verlangsamung des Wachstums der Sphärolithe in Dehnungsrichtung und folglich zu ihrer Abplattung, was wir auch beobachtet haben. Man kann sogar versuchen, den Grad der Abplattung durch den Unterschied von $\Delta F_{\parallel}^*$ und $\Delta F_{\perp}^*$ auszudrücken. Tatsächlich folgt aus Bild 9 und den Formeln (9, 10, 11) sofort, daß

$$\ln \lambda_e = \ln \left(\frac{R_0}{R_1}\right) \approx \frac{\Delta F_{\parallel}^* - \Delta F_{\perp}^*}{kT}. \qquad (13)$$

Wenn man nun jedoch damit die Ursache der Abplattung der Sphärolithe für aufgeklärt hält, so ist die Eindeutigkeit der Schlußfolgerung hinsichtlich der Konkurrenz „zweier Kristallisationen" in Zweifel gestellt. Tatsächlich sollte im Grenzfall eine uneingeschränkte Abplattung dazu führen, daß die Sphärolithe zu defekten Blättchen entarten. Da die „c"-Achsen in diesen Blättchen in Reckrichtung orientiert sind, kann man das Zusammenziehen der Sicheln auf den Röntgendiagrammen (Bild 6) und sogar das Verschwinden der *Debye/Scherrer*-Ringe ausschließlich der Abplattung zuschreiben. Eine Orientierungsordnung, darunter ist eine bei der Orientierungskristallisation entstehende Struktur zu verstehen, kann in diesem Falle nicht erhalten werden. In der Tat, beim Spinnen von Lösungen isotaktischen Polypropylens in Dekalin konnte einer von uns (*G. M.*) unter Anwendung der zweiten Spinnvorrichtung Fäden erhalten, die keine *Debye/Scherrer*-Ringe und keine Röntgenkleinwinkelreflexe zeigten (Bild 10, Kurve 1). Es ist wesentlich, daß bei diesen Versuchen sehr hohe Dehnungsgeschwindigkeiten (relativ kleine Viskosität der Lösungen) erreicht wurden, die die Verzugswerte, bei denen die Sphärolithe verschwinden müssen, bei weitem überstiegen. Das Fehlen von Röntgenkleinwinkelreflexen bestätigt anscheinend

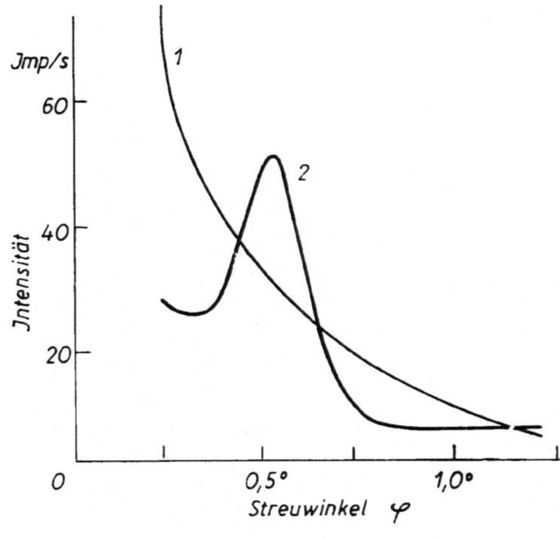

Bild 10. Röntgenkleinwinkeldiagramme von Fäden, die aus einer Lösung isotaktischen Polypropylens in Dekalin ersponnen wurden: 1 — unmittelbar nach dem Spinnen, 2 — nach dem Tempern bei 150 °C im Vakuum

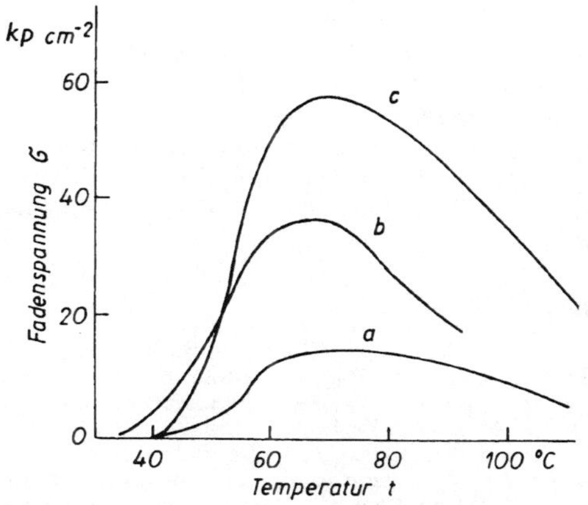

Bild 11. Kurven der isometrischen Erwärmung von Fäden, die aus einer Lösung isotaktischen Polypropylens in Dekalin bei verschiedenen Abzugsgeschwindigkeiten ersponnen wurden:

a — 4,65 m/min, *b* — 51,0 m/min, *c* — 59,3 m/min

das direkte Entstehen einer Orientierungsordnung unter diesen Versuchsbedingungen. Nichtsdestoweniger waren die hierbei erhaltenen Fäden äußerst elastisch und erinnerten auf keine Weise an Hochmodulfäden aus Polyvinylalkohol, die durch Heißreckung hergestellt worden waren und ebenfalls keine Röntgenkleinwinkelreflexe gezeigt hatten [22].

Es ist klar, daß es sich in diesem Falle um zwei verschiedene morphologische Strukturen handelt, wenngleich sie durch Röntgenweitwinkelstreuung nicht unterschieden werden können. Jedoch führt eine Temperung bei 150 °C derartige anomale Fäden aus IPP zu einer normalen Textur: es erscheint ein Reflex bei der Röntgenkleinwinkelstreuung (Bild 10, Kurve 2).

Schließlich zeigen Kurven der isometrischen Erwärmung, anhand derer man bestimmte Aussagen über die Orientierung von Fäden und Folien machen kann [23], daß in den keine Sphärolithe enthaltenden Fäden Elemente einer echten Orientierungsordnung vorliegen: die Spannung σ_m im Maximum der Kurven der isometrischen Erwärmung nimmt mit wachsendem Verzug offensichtlich zu (Bild 11).

Dies führt uns zu einer etwas paradoxen Schlußfolgerung: anstelle von zwei konkurrierenden kristallinen Strukturen, die bei intensivem Verzug entstehen, bilden sich drei — eine von ihnen ist eine gewöhnliche Sphärolithstruktur, wenngleich mit abgeplatteten Sphärolithen, die andere, die in röntgenographisch erfaßbaren Dimensionen Züge einer Orientierungsordnung zeigt, stellt in Wirklichkeit „entartete" Sphärolithe dar, und nur die dritte wird von Elementen einer echten Fasertextur gebildet.

Abschließend sei darauf hingewiesen, daß in Abhängigkeit von der Natur des Polymeren die relative Rolle von Temperatur- und mechanischen Feldern sehr unterschiedlich sein kann. So dominiert im Falle von IPP deutlich der axiale Geschwindigkeitsgradient. Bei Polyäthylen hingegen findet die Abplattung in erheblichem Grade infolge der Temperaturgradienten statt [9]. Obwohl der Grad der Abplattung der Sphärolithe in diesen zwei Fällen sich als gleich erweisen kann, bedeutet dies durchaus nicht eine Übereinstimmung der gesamten Morphologie der entsprechenden orientierten Systeme sowie der inneren morphologischen Strukturen der Sphärolithe selbst.

Diese Frage sowie auch Ergebnisse, die die morphologische Seite der Strukturbildung im Strahl betreffen, werden wir in der folgenden Mitteilung eingehender behandeln.

Literatur

[1] *Frenkel', S. Ja.*, und *Ginzburg, B. M.*: Sammelband „Probleme der physikalisch-chemischen Mechanik faseriger und poriger disperser Strukturen und Materialien", S. 45. Riga: Verlag „Zinatne", 1967.

[2] *Frenkel', S. Ja.*, *Baranov, V. G.*, *Bel'nikevič, N. G.*, und *Panov, Ju. N.*: Orientierungsmechanismus für die Bildung der festen Phase in Polymerlösungen bei Einwirkung eines hydrodynamischen Feldes mit axialem Geschwindigkeitsgradienten. Vysokomol. Soed. (Hochmol. Verbind.) **6** (1964) S. 1917.

[3] *Frenkel', S. Ja.*, u. a.: Sammelband „Mechanismus der Prozesse der Filmbildung...", S. 22. Moskva: Verlag „Nauka" 1966.

[4] *Frenkel', S. Ja.*, *Agranova, S. A.*, *Aldošin, V. G.*, *Baranov, V. G.*, *Koržavin, L. M.*, *Panov, Ju. N.*, und *Samsonova, T. I.*: Orientierungsmechanismus für die Bildung der festen Phase in Polymerlösungen mittlerer Konzentrationen. Ukrains'kij fizič. Ž. (Ukr. physik. Z.) **12** (1967) S. 281–287.

[5] *Ziabicki, A.*: Kinetik der Kristallisation und molekularen Orientierung von Polymeren während des Schmelzspinnens. J. appl. Polymer Sci./Appl. Polymer Symposia (1967) 6, S. 1–18.

[6] *Ziabicki, A.*: Theorie der Kristallkeimbildung unter Berücksichtigung nichtkugelförmiger Keime. Kinetische Gleichung. Faserforsch. u. Textiltechnik **18** (1967) S. 142–147.

[7] *Ziabicki, A.*: In „Chemistry and Technology of Man-Made Fibers". Hgg. von *Mark, H.*, *Atlas, S. M.*, und *Cernia, F.* Interscience Publ. im Druck.

[8] *Bartenev, G. M.*, und *Zuev, Ju. S.*: Festigkeit und Zerstörung hochelastischer Materialien. Leningrad: Verlag „Chemija" 1964.

[9] *Faršjan, G. S.*, *Baranov, V. G.*, und *Frenkel', S. Ja.*: Vysokomol. Soed. (Hochmol. Verbind.) im Druck.

[10] *Koržavin, L. N.*, *Voronov, N. N.*, und *Frenkel', S. Ja.*: Ž. prikl. Chimii (Z. angew. Chem.) im Druck.

[11] *Volkov, T. I.*, *Faršjan, G. S.*, *Baranov, V. G.*, und *Frenkel', S. Ja.*: Besonderheiten der Sphärolithbildung in Schmelzestrahlen isotaktischen Polypropylens bei einachsiger Dehnung. Vysokomol. Soed. (Hochmol. Verbind.) **11A** (1969) S. 108–117.

[12] *Volkov, T. I.*, und *Baranov, V. G.*: Sammelband „Neues in den Methoden zur Untersuchung von Polymeren", S. 7. Moskva: Verlag „Mir" 1968.

[13] *Frenkel', S. Ja.*: Ergänzung zur russ. Übersetzung der Monographie „Polymer Single Crystals" von *Ph. H. Geil*, S. 478, Leningrad: Verlag „Chimija" 1968.

[14] *Lipatov, Ju. S.*: Untersuchung der Wechselwirkung von Polymeren mit Füllstoffen. VI. Einige rheologische Charakteristiken von Polymerlösungen mit Füllstoffen. Vysokomol. Soed. (Hochmol. Verbind.) **4** (1962) S. 1528–1536.

[15] *Lipatov, Ju. S.*, *Panov, Ju. N.*, *Sužko, L. S.*, und *Frenkel', S. Ja.*: Anomalien des rheologischen Verhaltens von Oligomeren. DAN SSSR (Ber. Akad. Wiss. UdSSR) **176** (1967) S. 1341–1343.

[16] *Radužkevič, B. V.*, *Vasil'ev, Ju. V.*, *Konkin, A. A.*, *Vinogradov, G. V.*, und *Malkin, A. Ja.*: Rheologische Eigenschaften von FTOROPLAST-4M und Erspinnung von Fäden auf seiner Basis. Chim. Volokna (Chem. Fasern) (1966) 1, S. 17–22.

[17] *Mandelkern, L.*, *Jain, N. L.*, und *Kim, H.*: Temperaturabhängigkeit der Wachstumsgeschwindigkeit von Sphärolithen. J. Polymer Sci. **A2** (1968) S. 165–180.

[18] *Baranov, V. G.*, *Gasparjan, K. A.*, *Zurabjan, R. S.*, *Ėdiljan, Ė. S.*, und *Frenkel', S. Ja.*: Besonderheiten der orientierten übermolekularen Ordnung, die sich bei Dehnung Sphärolithe enthaltender HD-Polyäthylenfolien bildet. Vysokomol. Soed. (Hochmol. Verbind.) **11 A** (1969) S. 1247.

[19] *Kargin, V. A.*, und *Slonimskij, G. L.*: Kurzer Abriß der physikalischen Chemie von Polymeren. 2. Auflage. Moskva: Verlag „Chimija" 1967.

[20] *Mandelkern, L.*: Crystallization of Polymers. Book Company, New York/San Francisco/Toronto/London McGraw-Hill 1964.

[21] *Baranov, V. G.*, *Frenkel', S. Ja.*, *Volkov, T. I.*, und *Gasparjan, K. A.*: Fizika tverdogo tela (Festkörperphysik) **11** (1969) S. 1220.

[22] *Ginzburg, B. B.*, *Tujčiev, Š.*, *Poveščenko, A. G.*, *Frenkel', S. Ja.*, und *Sorokin, A. Ja.*: Einfluß der Heißverstreckung auf die übermolekulare Struktur von Polymerfäden. Vysokomol. Soed. (Hochmol. Verbind.) **10 A** (1968) S. 1191–1197.

[23] *Ginzburg, B. M.*: Dissertation Leningrad 1967.

Eingegangen am 17. November 1969

Chemische und morphologische Untersuchungen zum zeitlichen Verlauf eines Calciumbisulfitaufschlusses von Lärchenholz

Burkart Philipp, Vazgen Jacopian und Gerhard Casperson

Deutsche Akademie der Wissenschaften zu Berlin, Institut für Faserstoff-Forschung in Teltow-Seehof

DK 674.032.475.3:676.1.022.16:537.533.35:581.4

Der Verlauf eines Ca-Bisulfitaufschlusses mit Holz von Larix leptolepis und Larix decidua wurde chemisch und elektronenmikroskopisch verfolgt, wobei Frühholz und Spätholz sowie Normalholz und Reaktionsholz miteinander verglichen wurde. Beim Frühholz setzt die Auflösung des Faserverbandes durch die Delignifizierung der Mittellamelle früher ein als beim Spätholz. In der Endstufe der Kochung ist das normale Spätholz jedoch besser aufgeschlossen. Das Reaktionsholz läßt sich schlechter aufschließen als das Normalholz, was besonders beim Spätholz auffällt.

Химические и морфологические исследования кинетики сульфитной варки древесины лиственницы на кальциевом основании

Методами химического анализа и электронной микроскопии изучена кинетика сульфитной варки древесины Larix leptolepis и Larix decidua, причем сравнивались между собой весенняя и летняя древесина, с одной стороны, и нормальная и креневая древесина, с другой стороны. В случае весенней древесины разрушение морфологической структуры в результате делигнификации срединной пластинки лоя происходит раньше, чем в случае летней древесины. Нормальная летняя древесина, однако, в последней стадии варки оказывается более полно проваренной. Варка креневой древесины по сравнению с нормальной древесиной затруднена, что особенно заметно в случае летней древесины.

Chemical and Morphological Investigations on the Pulping of Larch Wood by the Calcium Bisulfite Process

The calcium bisulfite pulping process of wood of Larix leptolepis and Larix decidua has been investigated by chemical and electron microscopic methods, comparing the behaviour of early and late wood as well as of normal and reaction wood. In early wood the desintegration of the fibre structure by delignification of the middle lamella was found to start earlier than in late wood. In the final stage of pulping the normal late wood turned out to be more intensively desintegrated. Reaction wood undergoes desintegration easier than normal wood, as particularly becomes apparent with late wood.

1. *Einleitung und Zielsetzung*

Als relativ schnellwüchsiges und gegenüber Rauchschäden recht resistentes Holz gewinnt die Lärche auch für den mitteleuropäischen Waldbau zunehmend an Interesse und dürfte in absehbarer Zeit der Zellstoff- und Papierindustrie als Faserholz in größerem Umfang angeboten werden. Das Verhalten von Lärchenholz beim sauren und beim alkalischen Aufschluß war daher schon Gegenstand verschiedener Publikationen [1 bis 8], wobei jedoch meist die Qualitätsparameter der fertigen Stoffe im Vordergrund standen. Die vorliegende Arbeit hatte daher das Ziel, durch Kombination konventioneller chemischer Analysenmethoden mit einer elektronenmikroskopischen Untersuchung den zeitlichen Verlauf eines Calciumbisulfitaufschlusses, also die Lignin- und Kohlehydratauslösung während der Kochung zu verfolgen und dabei vor allem den Einfluß holzmorphologischer Parameter zu berücksichtigen. Wir verglichen dabei erstens verschiedene Arten von Lärchenholz, zweitens Normalholz und Reaktionsholz („Druckhholz") vom gleichen Stamm und drittens Frühholz und Spätholz sowohl beim Normalals auch beim Reaktionsholzanteil, wobei wir von Methodik und Systematik her auf unsere entsprechenden Untersuchungen an Pappelholz [9 bis 13] zurückgreifen konnten.

2. *Bemerkungen zur Versuchsmethodik*

Als *Ausgangsmaterial* dienten:

A. ein 26jähriges Stammstück von *Larix leptolepis Gord.*[1]) mit einem Durchmesser von nur 15 cm und für eine Japanlärche auffallend engen Jahresringen (mittlerer Jahresringdurchmesser 3,2 mm mit Einzelwerten zwischen 1,7 mm und 7,2 mm). Der mittlere Frühholzanteil betrug 2,1, der Spätholzanteil 1,1 mm entsprechend der bekannten Regel, daß der Frühholzanteil etwa $^2/_3$ des Jahresringes einnimmt [16]. Die Holzprobe enthielt kein Druckholz.

B. ein 12jähriges Stammstück von *Larix decidua Miller*[1]) mit einem Durchmesser von 21 cm, das von einem gekrümmten Stamm entnommen war und einen exzentrischen Zuwachs zeigte. Der rötlich gefärbte, verstärkte Zuwachs enthielt Reaktionsholz, dessen Anteil — auf die Fläche der näher untersuchten Stammscheibe bezogen — ca. 40% betrug. Einen Vergleich der Jahresringbreiten der im Zuwachs begünstigten Unterseite des gekrümmten Stammes mit Reaktionsholz und der im Zuwachs behinderten, ausschließlich Normalholzzellen enthaltenden Oberseite gibt Bild 1.

Die *Kochungen* wurden in drei voneinander unabhängigen Versuchsserien in 100 ml-Autoklaven aus V2A-Stahl durchgeführt bei einem Flottenverhältnis von 1:6.

Im einzelnen wurden folgende Versuchsbedingungen eingehalten:

Serie I: ca. 30 mm dicke Stammscheiben von L. leptolepis wurden in Blöckchen von $5 \times 5 \times 30$ mm Kantenlänge und diese einem Calciumbisulfitaufschluß mit 0,9% CaO und 6% Gesamt-SO_2 nach folgendem Kochschema unterworfen:

120 min Ankochen bis 100 °C,
120 min Stillstand bei 100 °C,
90 min Hochkochen bis 145 °C,
60—120—180 min Fertigkochen bei 145 °C.

Serie II: Früh- und Spätholz von L. leptolepis wurden unter Verwendung kleiner Blöckchen von 1 bis $2 \times 5 \times 30$ mm Kantenlänge und der gleichen

[1]) Freundlicherweise vom Institut für Forstwissenschaften Eberswalde, Abt. Forstpflanzenzüchtung Graupa, zur Verfügung gestellt.

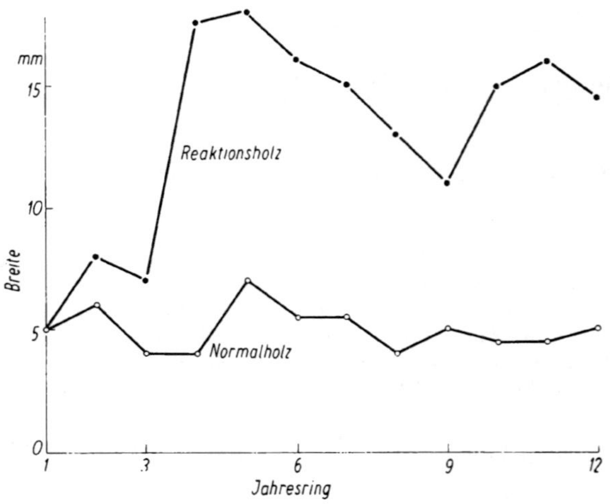

Bild 1. Jahresringbreiten eines 12jährigen Stammstückes von Larix leptolepis mit exzentrischem Zuwachs durch Reaktionsholzbildung in einem gekrümmten Stamm. Stammoberseite Normalholz, Stammunterseite Reaktionsholz

Kochsäurezusammensetzung wie bei Serie I nach folgendem Schema aufgeschlossen:

180 min Abkochen bis 105 °C,
240 min Stillstand bei 105 °C,
120 min Hochkochen auf 145 °C,
60—120—180 min Fertigkochen bei 145 °C.

Serie III: Normalholz und Druckholz (ca. 90% Reaktionsholzzellen enthaltend) von L. decidua wurde jeweils in Früh- und Spätholz zerlegt und mit jeder dieser vier Proben eine separate Versuchsreihe entsprechend dem Kochschema der Serie II durchgeführt, wobei die Hackschnitzel entsprechend den im Vergleich zu Serie II breiteren Jahresringen Abmessungen von etwa 5 × 5 × 30 mm hatten.

Zur *Charakterisierung* wurden an dem den einzelnen Kochstufen entnommenen Material Ausbeute sowie Pentosan- und Ligningehalt bestimmt (vgl. [9]). Zur morphologischen Untersuchung wurde jeweils ein nichtgetrocknetes, aber sorgfältig ausgewaschenes Blöckchen auf einem Gefriermikrotom in 100 μm dicke Längsschnitte zerlegt, diese über eine aufsteigende Methanolreihe entwässert und in Methacrylat eingebettet. Zum Vergleich von Früh- und Spätholz der Serie I wurden mit dem Ultramikrotom die entsprechenden Bereiche gezielt angeschnitten. Aus den Ultradünnschnitten wurde das Methacrylat mit Benzoldampf herausgelöst und die Schnitte mit Palladium unter einem Winkel von 45° schräg bedampft.

3. *Chemische Charakterisierung der in den einzelnen Kochstufen erhaltenen Proben*

Die Analysendaten der Ausgangshölzer (Tabelle 1) bestätigen die bekannten Unterschiede zwischen Früh- und Spätholz einerseits, Normalholz und Druckholz andererseits (vgl. [16]), weisen aber keine signifikanten Differenzen zwischen den Normalholzanteilen der beiden hier verglichenen Lärchenarten aus. Unter den Kochbedingungen der Serie I erfolgt die Ligninauslösung erst während der Fertigkochperiode und bleibt auch nach 3 h/145 °C unvollständig, während der Hauptanteil der Begleitkohlenhydrate bereits während des Ankochens entfernt wird (Tabelle 2). Die Verlängerung der „Stillstandszeit" bei 105 °C von 2 h auf 4 h führt zu einer erheblichen Ligninauslösung bereits während der Hochkochung auf 145 °C und zu einer praktisch vollständigen Delignifizierung nach 2 h Fertigkochzeit, die beim Spätholz etwas langsamer verläuft, wenn man den ursprünglichen Ligningehalt zugrunde legt (Tabelle 2). Trotz annähernd gleicher Analysendaten der Ausgangsproben unterscheiden sich die Normalholzanteile von L. leptolepis und L. decidua unter den hier angewandten Bedingungen des Sulfitaufschlusses merklich, indem bei L. decidua der Ligningehalt während

Tabelle 1. Analysendaten von Larix leptolepis und Larix decidua

	Larix leptolepis		Larix decidua			
			Normalholz		Druckholz	
	Frühholz	Spätholz	Frühholz	Spätholz	Frühholz	Spätholz
Pentosan in %	9,0	7,8	7,8	5,8	5,9	6,8
Lignin in %	28,7	27,3	28,1	26,9	37,4	34,8
Holocellulose nach *Wise* in %	56,5	63,1	58,6	65,3	57,8	61,3
lignin- und pentosanfreie Cellulose in %	50,5	54,6	51,2	56,2	45,9	48,3

Tabelle 2. Calciumbisulfitaufschluß von Lärchenholz (Larix leptolepis) Serie I

Aufschluß-bedingungen	Rückstand %	Pentosan %	Herausgelöstes Pentosan in % des ursprüngl. Pentosans	Lignin %	Herausgelöstes Lignin in % des ursprüngl. Lignins
unbehandelt	100,0	8,7	—	28,1	—
bis 100 °C	96,5	8,4	6,8	27,9	4,3
2 h bei 100 °C	91,1	5,25	43,6	29,3	5,0
bis 145 °C	76,2	4,5	65,4	26,3	7,1
1 h bei 145 °C	54,6	4,1	80,2	11,9	76,8
2 h bei 145 °C	46,8	1,9	88,8	8,7	85,4
3 h bei 145 °C	44,6	0,6	96,2	9,1	85,4

Tabelle 3. Calciumbisulfitaufschluß von Lärchenholz (Larix leptolepis) Serie II

Aufschluß-bedingungen	Spätholz					Frühholz				
	Ausbeute %	Pentosan %	Herausgelöstes Pentosan in % des ursprüngl. Pentosans	Lignin %	Herausgelöstes Lignin in % des ursprüngl. Lignins	Ausbeute %	Pentosan %	Herausgelöstes Pentosan in % des ursprüngl. Pentosans	Lignin %	Herausgelöstes Lignin in % des ursprüngl. Lignins
unbehandelt	100,0	7,8	—	27,3	—	100,0	9,0	—	28,7	—
1 h bis 145 °C	59,9	3,3	74,6	13,2	63,7	56,4	3,9	75,5	13,7	73,1
1 h bei 145 °C	49,1	2,3	85,5	2,6	95,2	45,0	2,3	88,4	3,4	97,0
2 h bei 145 °C	46,4	2,6	84,6	0,4	99,3	45,7	2,5	88,9	1,0	98,4
3 h bei 145 °C	39,7	1,3	93,3	0,8	98,9	40,2	2,1	90,5	0,5	99,3

Tabelle 4. Calciumbisulfitaufschluß von Normalholz von Lärche (Larix decidua) Serie III

Aufschluß-bedingungen	Spätholz					Frühholz				
	Ausbeute %	Pentosan %	Herausgelöstes Pentosan in % des ursprüngl. Pentosans	Lignin %	Herausgelöstes Lignin in % des ursprüngl. Lignins	Ausbeute %	Pentosan %	Herausgelöstes Pentosan in % des ursprüngl. Pentosans	Lignin %	Herausgelöstes Lignin in % des ursprüngl. Lignins
unbehandelt	100,0	5,9	—	26,9	—	100,0	7,8	—	28,1	—
bis 145 °C	56,2	4,4	58,1	18,9	60,6	59,6	4,0	69,4	20,6	56,2
1 h bei 145 °C	43,5	2,3	83,0	7,2	88,4	45,9	3,3	80,6	6,4	89,5
2 h bei 145 °C	39,0	1,2	91,7	14,2	84,4	38,9	3,1	84,6	3,3	95,3
3 h bei 145 °C	35,0	0,8	94,5	12,3	83,6	37,4	2,5	87,9	2,9	96,1

Tabelle 5. Calciumbisulfitaufschluß von Druckholz von Lärche (Larix decidua) Serie III

Aufschluß-bedingungen	Spätholz					Frühholz				
	Ausbeute %	Pentosan %	Herausgelöstes Pentosan in % des ursprüngl. Pentosans	Lignin %	Herausgelöstes Lignin in % des ursprüngl. Lignins	Ausbeute %	Pentosan %	Herausgelöstes Pentosan in % des ursprüngl. Pentosans	Lignin %	Herausgelöstes Lignin in % des ursprüngl. Lignins
unbehandelt	100,0	6,8	—	34,8	—	100,0	5,9	—	37,4	—
bis 145 °C	53,2	3,2	75,0	29,7	56,0	55,6	4,7	55,9	28,9	56,9
1 h bei 145 °C	44,2	1,3	91,6	25,5	67,5	39,3	1,7	88,6	17,6	81,6
2 h bei 145 °C	41,6	1,0	93,8	27,0	67,8	35,5	1,0	94,1	14,3	86,4
3 h bei 145 °C	41,3	0,8	95,1	28,9	65,8	34,3	1,1	93,8	15,6	85,8

der Fertigkochperiode erheblich höher liegt, wobei sich wiederum die dickwandigen Spätholzzellen gegenüber den dünnwandigen Frühholzzellen als schwerer aufschließbar erweisen (Tabelle 3). Der gleiche Unterschied findet sich recht ausgeprägt auch beim Druckholz von L. decidua, das auf Grund seines anderen anatomischen Baus und seines hohen Ligningehalts insgesamt unvollständiger aufgeschlossen wird als Normalholz (Tabellen 4 und 5). Beim Spätholzanteil des Druckholzes kommt die Delignifizierung nach 1 h/145 °C praktisch zum Stillstand, und der weitere Ausbeuterückgang erfolgt nur noch auf Kosten des Kohlehydratanteils. Hinsichtlich der Delignifizierbarkeit ergibt sich unter unseren Arbeitsbedingungen somit die Reihenfolge:

Frühholz/Normalholz > Spätholz/Normalholz > Frühholz/Druckholz > Spätholz/Druckholz.

4. Ergebnisse der elektronenmikroskopischen Untersuchungen

Die xylotomischen Unterschiede zwischen L. leptolepis und L. decidua sind nach *Greguss* [17] nur gering, so daß wir uns hinsichtlich der unbehandelten Hölzer auf unsere morphologischen Untersuchungen an L. decidua beziehen können [14]. Die elektronenmikroskopischen Untersuchungen beschränken sich vor allem auf den Vergleich von Strukturveränderungen der Zellwände von Tracheiden.

4.1. Ergebnisse der Versuchsserie I

Wie für andere Holzarten bereits ausführlich diskutiert [13], zeigt auch bei Lärche die Zellwandstruktur in der Ankochperiode noch keine Veränderungen, wobei in Bild 2 eine Jahresringgrenze mit der letzten Spät-

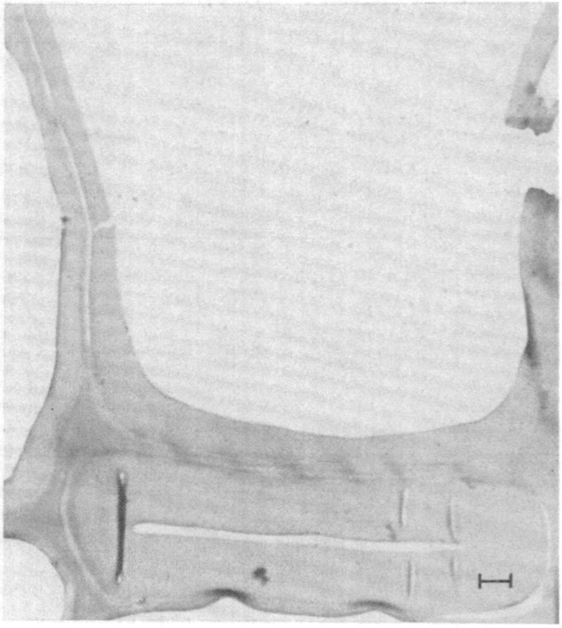

Bild 2. Jahresringgrenze mit zwei extrem verschiedenen Zellen (vgl. Tabelle 6) aus der Ankochperiode bis 100 °C, I. Serie Vergr. 4000:1

holz- und der ersten Frühholzzelle erfaßt wurde, die in Zellgröße und Dicke der einzelnen Wandschichten innerhalb des Jahresringes Extreme darstellen (Tabelle 6).

Tabelle 6. Abmessungen von Früh- und Spätholzzellen von L. leptolepis

	Frühholz µm	Spätholz µm
Zellbreite tangential	17	18
Zellbreite radial	~30	5
Zellwanddicke	1,5	2,5 ··· 3,5
Lumen	14 × 27	11,8 × 0,5
Mittellamelle	0,1	0,1
Primärwand	0,2	0,2
S_1	0,1	0,2
S_2	1,0	2,0 ··· 3,0
S_3	0,1	0,1

Merkliche morphologische Veränderungen erfolgen erst beim Erreichen von Temperaturen um 145 °C zusammen mit der nun beginnenden Ligninauslösung, wobei vor allem bei den Frühholzzellen die Mittellamelle sich aufzulösen beginnt. Nach 1 h/145 °C liegen die Frühholzzellen nach Auflösung der Mittellamelle isoliert nebeneinander vor (Bild 3), während die Spätholzzellen zum größten Teil noch im Verband verbleiben, wobei die Mittellamelle eine poröse Wabenstruktur besitzt (Bild 4). Sowohl im Frühholz als auch im Spätholz bleibt die Form der Zellen erhalten; im Frühholz ist die Mittellamelle, im Spätholz die Sekundärwand stärker angegriffen, wobei in der S_1 bereits eine lamellare Schichtung des Celluloseskeletts und in der S_2 Risse erkennbar sind. Die Risse in der S_2 des Spätholzes (Bild 4) sind wahrscheinlich durch mechanische Be-

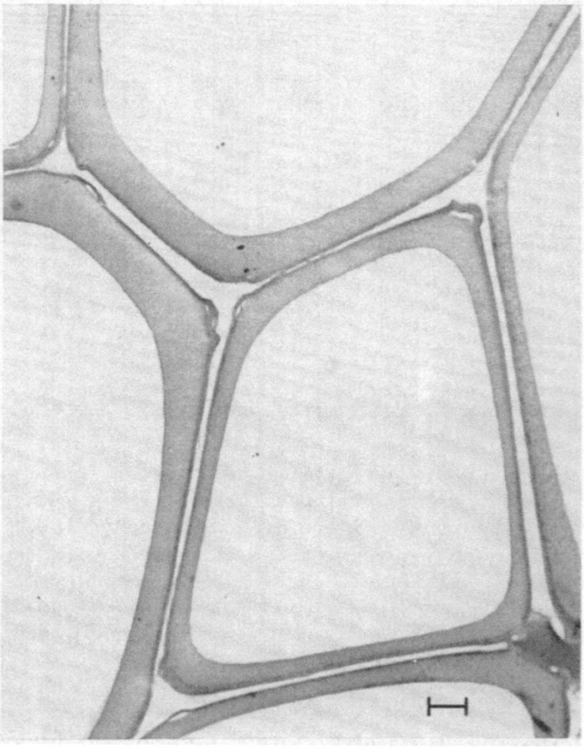

Bild 3. Frühholzzellen nach 1 h/145 °C, I. Serie
Mittellamelle bereits gelöst, übrige Zellwand wenig angegriffen Vergr. 5000:1

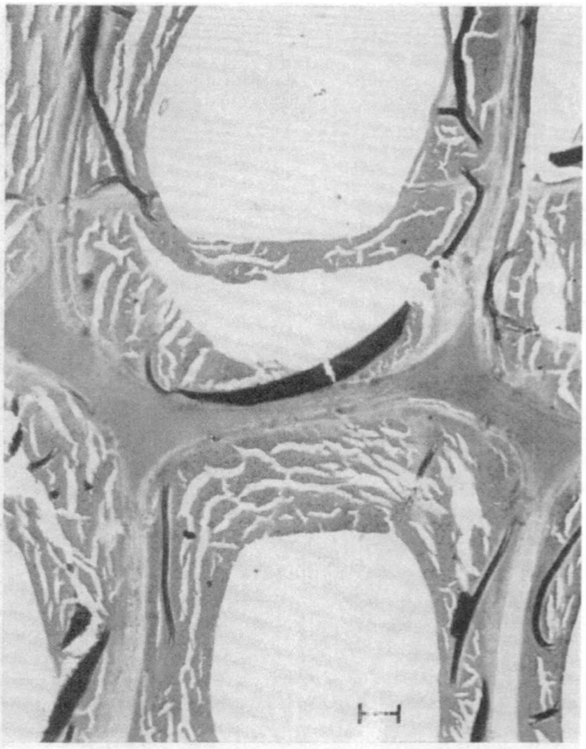

Bild 4. Spätholzzellen nach 1 h/145 °C, I. Serie
Mittellamelle bildet ein poröses Wabensystem, wodurch der Zellverband noch erhalten bleibt. Risse in der Sekundärwand vermutlich Präparationseffekte Vergr. 5000:1

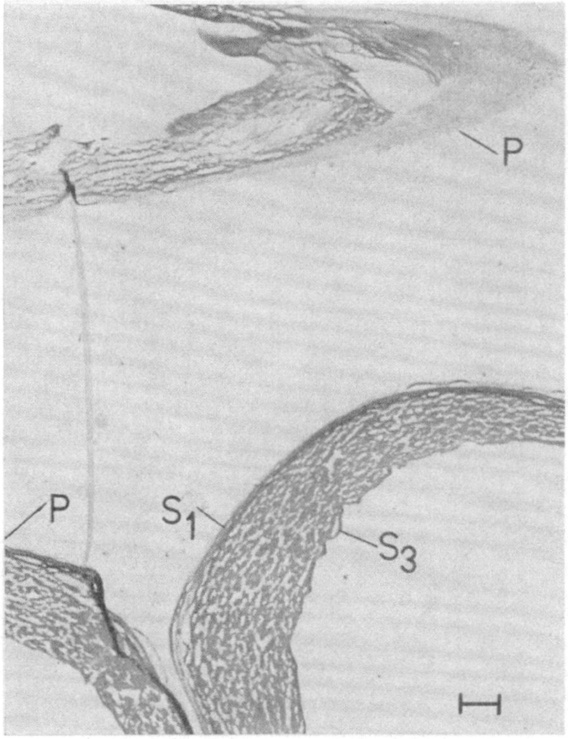

Bild 5. Frühholztracheiden und Markstrahlzelle nach 3 h/145 °C, I. Serie
S_2 mit aufgelockerter Netzstruktur, die von der kompakten S_1 und S_3 begrenzt wird. Die Markstrahlzelle ist stärker aufgelockert. Die lamellar aufgebaute Sekundärwand wird von Primärwandresten (P) umsäumt Vergr. 5000:1

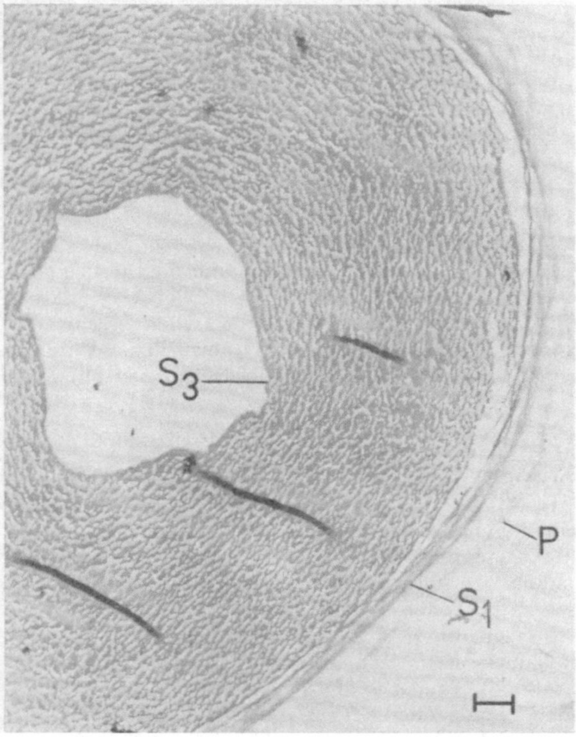

Bild 6. Spätholzzelle nach 3 h/145 °C, I. Serie
S_2 mit stark aufgelockerter Netzstruktur, die von der kompakten S_3 und der lamellaren S_1 begrenzt wird. Reste der Primärwand (P) schwach erkennbar Vergr. 5000:1

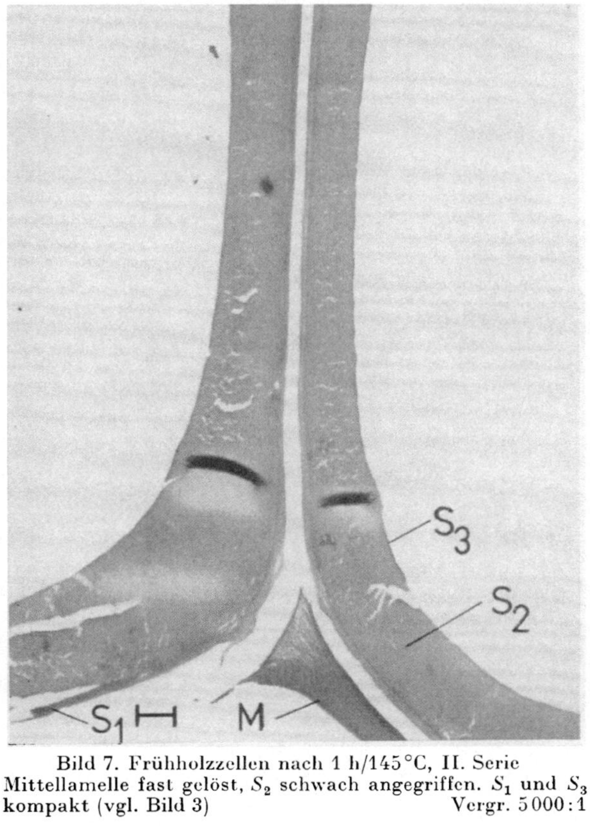

Bild 7. Frühholzzellen nach 1 h/145 °C, II. Serie
Mittellamelle fast gelöst, S_2 schwach angegriffen. S_1 und S_3 kompakt (vgl. Bild 3) Vergr. 5000:1

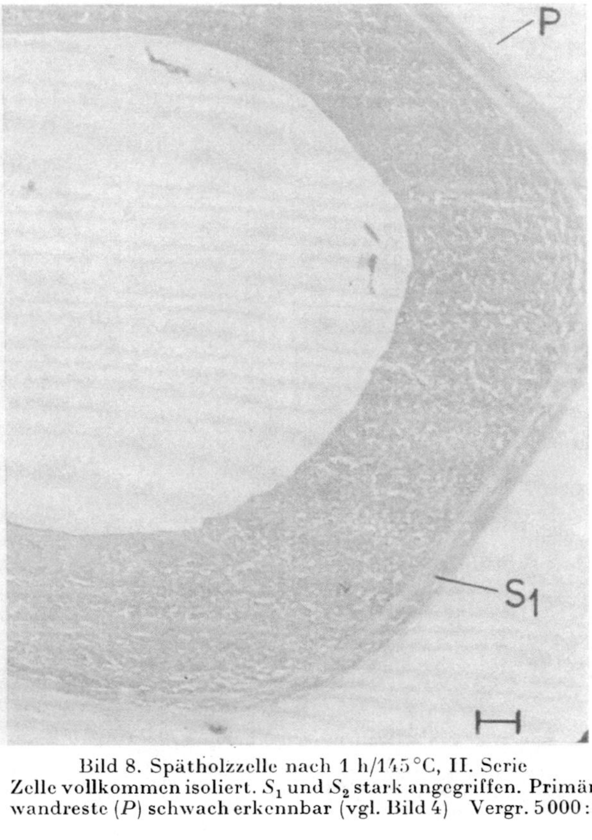

Bild 8. Spätholzzelle nach 1 h/145 °C, II. Serie
Zelle vollkommen isoliert. S_1 und S_2 stark angegriffen. Primärwandreste (P) schwach erkennbar (vgl. Bild 4) Vergr. 5000:1

anspruchung beim Kochprozeß, möglicherweise aber auch erst bei der Präparation entstanden und weisen auf die mechanische Labilität der S_2 bei einem durch die noch vorhandene Mittellamelle weitgehend erhaltenen Zellverband hin, der sich hier erst nach etwa 2 h Kochzeit bei 145 °C aufgelöst hat. In der letzten Kochstufe (3 h/145 °C) verquillt die Sekundärwand in Früh- *und* Spätholzzellen zu einem lockeren Netzgewebe mit S_1 und S_3 als kompakter Begrenzung des nunmehr fast kreisrunden Querschnitts (Bilder 5 und 6). Die Primärwand ist nur noch an einigen Resten von lockeren Mikrofibrillen zu erkennen. Die Frühholzzellen erscheinen insgesamt kompakter als die Spätholzzellen, während eine in Bild 5 mit erfaßte Markstrahlzelle eine recht aufgelockerte Struktur aufweist.

4.2. Ergebnisse der Versuchsserie II

Die Verlängerung der Sulfonierzeit („Stillstandszeit" bei 105 °C) führte bei dieser Versuchsserie zu einer rascheren und vollständigeren Delignifizierung in der Fertigkochperiode. Während sich für die Ankochperiode gegenüber Serie I morphologisch keine Unterschiede zeigen, liegen nach 1 h Kochen bei 145 °C Früh- *und* Spätholzzellen bereits isoliert vor (Bilder 7 und 8). Die Mittellamelle ist in beiden Fällen weitgehend aufgelöst, die Sekundärwand beginnt zu einem Netzwerk zu verquellen, wobei dieser Prozeß beim Spätholz weiter fortgeschritten ist als beim Frühholz. Stärker als die Faserzellen sind die Markstrahlzellen angegriffen (Bild 9), wo ein diffuser Saum von Mikrofibrillen die lamellar aufgebaute Sekundärwand umgibt und den Rest der Primärwand andeutet. Im weiteren Verlauf

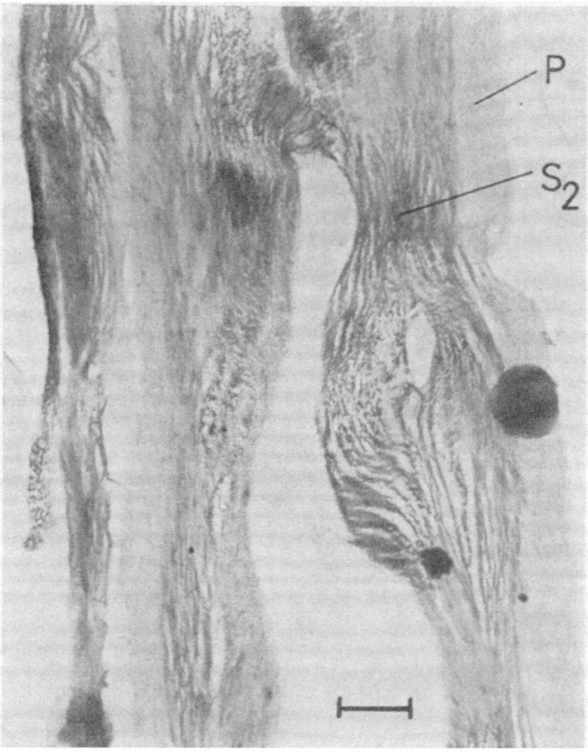

Bild 9. Markstrahlzelle nach 1 h/145 °C, II. Serie
Zellwand stark aufgelockert. Sekundärwand mit lamellarer Schichtung und breiter Saum der Primärwand (*P*) (vgl. Bild 5) Vergr. 10000:1

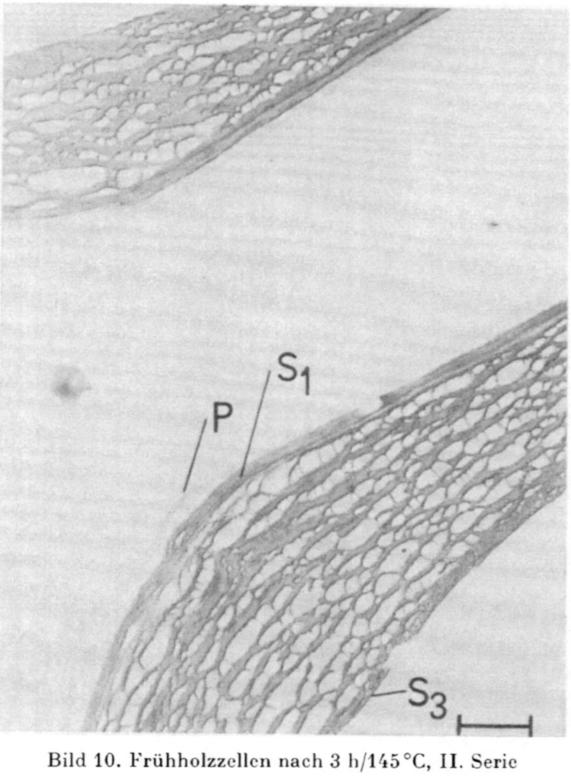

Bild 10. Frühholzzellen nach 3 h/145 °C, II. Serie
S_2 zu einem groben Netzwerk verquollen, das durch die kompakte S_1 und S_3 begrenzt wird. P = Primärwandreste (vgl. Bild 5) Vergr. 10000:1

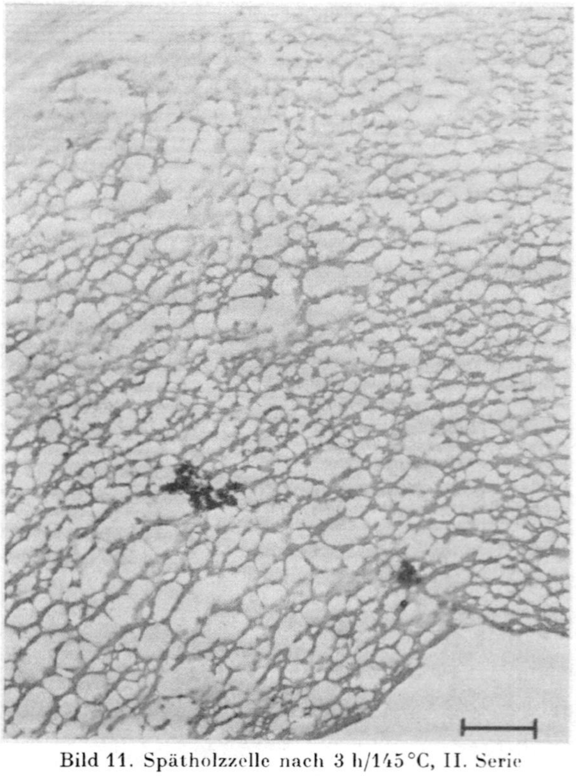

Bild 11. Spätholzzelle nach 3 h/145 °C, II. Serie
S_2 zu einem feinen Netzwerk verquollen, das durch die S_1 und S_3 begrenzt wird (vgl. Bild 5) Vergr. 10000:1

der Kochung schreitet auch in den Frühholzzellen die Ausbildung der Netzstruktur in der S_2 fort, jedoch selbst nach 3 h Kochen bei 145 °C bleiben die graduellen Unterschiede in der Netzstruktur zwischen Früh- und Spätholz erhalten und sind vor allem bei hoher Vergrößerung in einer unterschiedlichen Dicke der Mikrofibrillenstränge gut erkennbar (Bilder 10 und 11).

4.3. *Vergleich von Reaktionsholz und Normalholz (Versuchsserie III)*

Die charakteristischen Unterschiede im anatomischen Bau des „Druckholzes" im Vergleich zum Normalholz wurden von uns [14, 18 bis 27] und anderen Autoren [15, 28] bereits ausführlich dargelegt, so daß eine stichwortartige Zusammenfassung der hier interessierenden Merkmale des Druckholzes genügt:

— abgerundete Zellform mit häufig auftretenden Intercellularräumen in den Zwickeln,
— radial-spiraliges Spaltensystem der Sekundärwand,
— Fehlen einer S_3,
— besonders dicke S_1,
— anormale Ligninverteilung über den Zellwandquerschnitt, indem auf eine besonders stark lignifizierte Mittellamelle und Primärwand eine breite, wenig Lignin und viel Cellulose enthaltende S_1, dann der stark lignifizierte („zweites Ligninmaximum") spaltenfreie Teil der S_2 und schließlich die schwach lignifizierte, spaltenreiche Zone der S_2 folgt.

In ihrer Gesamtheit sind die angegebenen Merkmale nur im Spätholz realisiert, denn gegenüber anderen Nadelhölzern ist der Druckholzbereich bei Lärche durch besonders dünnwandige Frühholzzellen gekennzeichnet, wobei die ersten Zellreihen des Jahresringes im Lichtmikroskop wie typische Normalholzzellen — weitlumig und von rechteckiger Form — erscheinen, bei denen man erst im Elektronenmikroskop die breitere S_1 nachweisen kann (vgl. Bild 12). Die Zellwanddicke steigt zum Spätholz hin an, wobei dann die charakteristischen Spalten angelegt sind (Bild 13). Charakteristisch für das Druckholz speziell der Lärche ist eine im Vergleich zu anderen Nadelhölzern viel größere Variabilität der Dicke der Sekundärwand in den ausgesprochenen Spätholzzellen.

Auch bei L. decidua beginnt eine merkliche Substanzauslösung im Sulfitaufschluß und eine damit verbundene merkliche Änderung der morphologischen Faserstruktur erst während des „Hochkochens" auf Fertigkochtemperatur. Beim stark lignifizierten Druckholzanteil finden wir in Früh- *und* Spätholz bereits eine erhebliche Auflockerung der Mittellamelle (Bilder 12 und 13). Die dicke S_1 erscheint in beiden Fällen noch recht kompakt. In der relativ dünnen S_2 des Frühholzes erkennt man in der zum Lumen hin gelegenen ligninärmeren Zone bereits Andeutungen der im weiteren Aufschlußverlauf entstehenden Netzstruktur, während die ligninreiche Zone im Bild dunkler und noch kompakt erscheint. Im Spätholz mit den ausgesprochenen

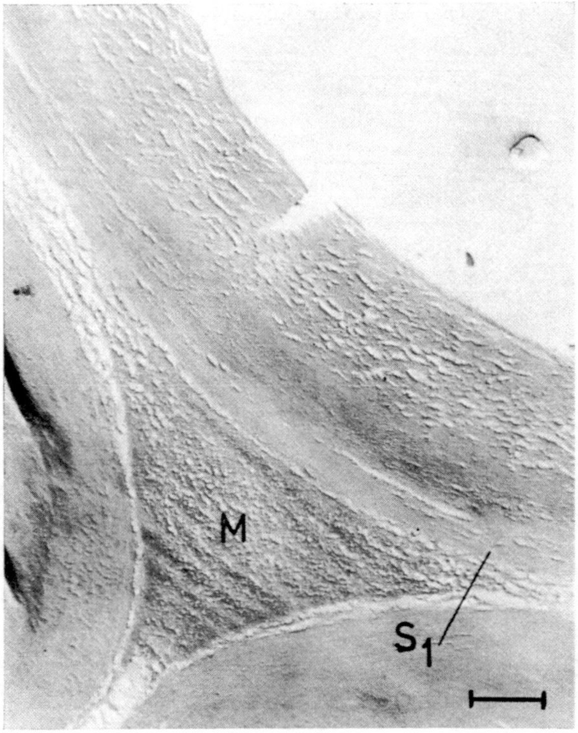

Bild 12. Druckholzzelle im Frühholz nach Kochung bis 145 °C, III. Serie

Mittellamelle (*M*) bereits aufgelockert. Breite cellulosereiche S_1 kompakt, wie auch die dunkle ligninreiche Zone der S_2. Ligninarme Zone der S_2 aufgelockert. Spalten noch nicht ausgebildet, obwohl die Zelle abgerundet ist Vergr. 10000:1

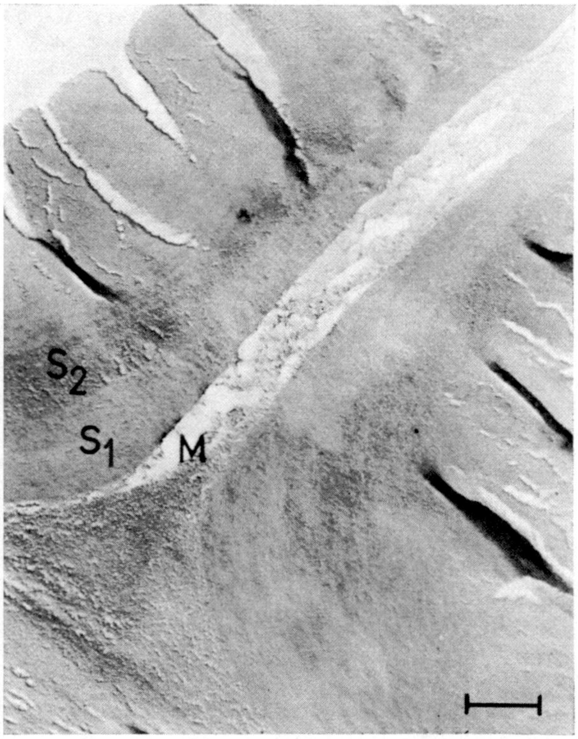

Bild 13. Druckholzzelle im Spätholz nach Kochung bis 145 °C, III. Serie

Mittellamelle (*M*) teilweise gelöst. Sehr breite cellulosereiche S_1 und die ligninreiche Zone der S_2 kompakt. Ligninärmere Zone der S_2 mit Radialspalten durchsetzt Vergr. 10000:1

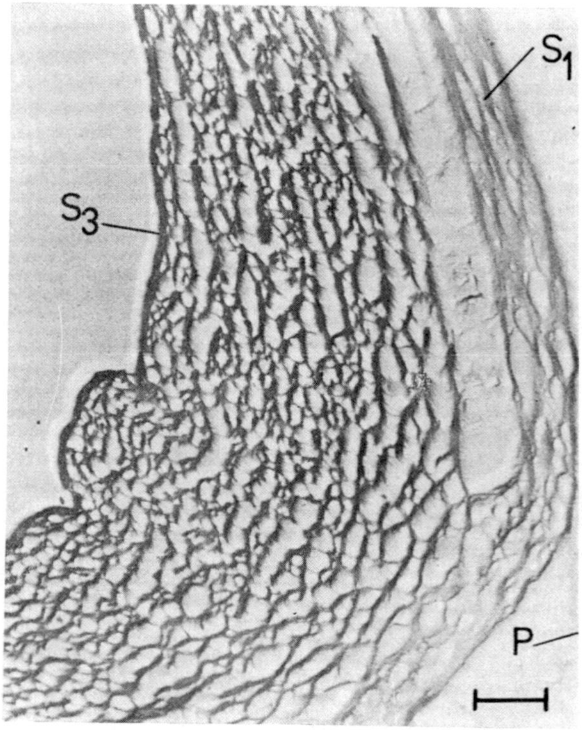

Bild 14. Normalholzzelle im Frühholz nach 1 h/145 °C, III. Serie
Mittellamelle (M) fast gelöst, Sekundärwand S_1, S_2, S_3 kompakt (vgl. Bilder 3 und 7) Vergr. 10000:1

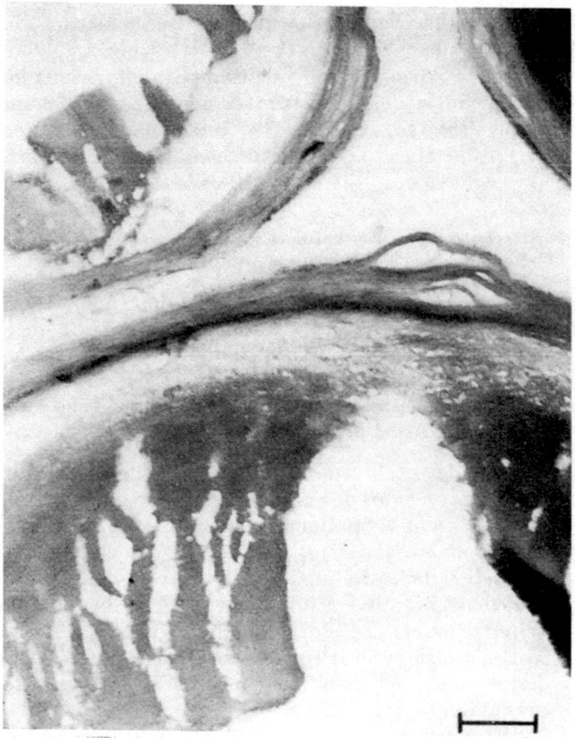

Bild 15. Druckholzzelle im Frühholz nach 1 h/145 °C, III. Serie
Mittellamelle gelöst, Primärwandreste (P) liegen der kompakten cellulosereichen S_1 an. Ligninreiche Zone der S_2 stark,

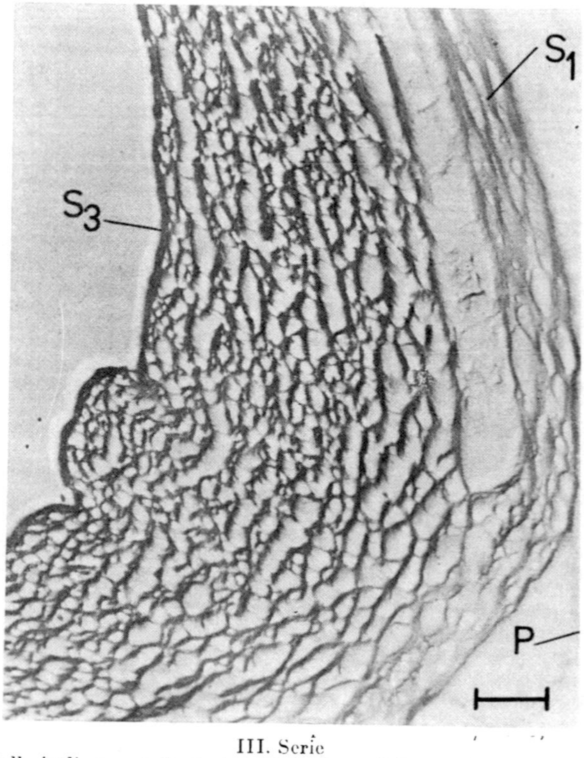

III. Serie
Zelle isoliert und S_2 stark aufgelockert. S_3 kompakt. Auf der lamellar struktrierten S_1 Primärwandreste (vgl. Bilder 4 und 8) Vergr. 10000:1

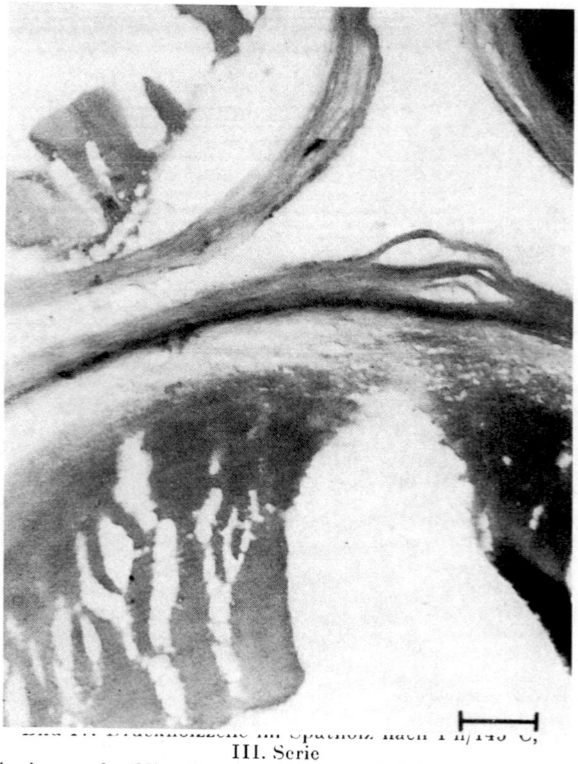

III. Serie
Lignin aus der Mittellamelle und der ligninreichen Zone der S_2 größtenteils gelöst, übrige Wandschichten kompakt
Vergr. 10000:1

Spalten finden wir eine geringere Auflockerung der ligninarmen Zone als im Frühholz. Auch hier bleibt die ligninreiche, nicht von Spalten durchsetzte Zone der S_2 dunkler, d. h. stärker kompakt.

Nach 1 h Kochen bei 145 °C beobachten wir in jedem Falle eine weitgehende Auflösung des Faserverbandes und Isolierung der einzelnen Holzzellen, wobei sich jedoch hinsichtlich der Auflockerung vor allem der S_2 erhebliche Unterschiede sowohl zwischen Normal- und Druckholz als auch hier jeweils zwischen Früh- und Spätholz zeigen. Beim Druckholz sind die Frühholzzellen, beim Normalholz dagegen die Spätholzzellen stärker verquollen und aufgelockert (Bilder 14 bis 17). Die beiden normalen Frühholzzellen in Bild 14 zeigen nur noch im Zwickel Restsubstanzen der Mittellamelle. Die drei Schichten der Sekundärwand sind gut erkennbar und gegenüber der unbehandelten Probe nur wenig verändert; nur kleinere Hohlraumbildungen in der S_2 lassen auf eine gewisse Substanzauslösung schließen. Demgegenüber weist eine noch spaltenfreie, aber bereits abgerundete Druckholzzelle im Frühholz bereits ein stark aufgelockertes Gefüge auf (Bild 15). Die Mittellamelle ist vollständig gelöst, und das Cellulosegerüst der Primärwand liegt als feiner Saum von Mikrofibrillen der kompakten S_1 an. Der S_1 folgt nach innen eine stark aufgelockerte Zone, offensichtlich die schon weitgehend delignifizierte, vorher sehr ligninreiche Schicht der S_2. Dieser Schicht ist wiederum eine zum Lumen hin kompaktere aufgelagert, nämlich die cellulosereiche Schicht der S_2. Im Spätholz ist die Normalholzzelle bereits weit aufgeschlossen, so daß die S_2 ein lockeres Netz bildet, das durch die kaum angegriffene S_3 und die noch wenig verquollene S_1 begrenzt wird (Bild 16). Die Druckholzzellen des Spätholzes (Bild 17) sind besonders im Bereich der cellulosereichen dicken S_1 und der spaltendurchsetzten Zone der S_2 wenig aufgeschlossen, während die vorher ligninreiche Zone der S_2 wesentlich weiter aufgelockert ist. Wie bei den anderen Kochserien werden wieder die Markstrahlzellen schon in einem frühen Kochstadium sehr intensiv angegriffen. Der schräge Anschnitt durch eine Zellspitze in Bild 18 läßt die lamellare Schichtung der Sekundärwand gut erkennen, um die als feiner Saum die bis zur „individualisierten Mikrofibrille" aufgeschlossene Primärwand liegt.

Nach 2 h Kochen bei 145 °C wird auch die Frühholzzelle im Normalholz so weit aufgeschlossen, daß die S_2 sich zu einer Netzstruktur aufzulockern beginnt, und zwar ausgehend von zunächst nur wenigen Spalten, während S_1 und S_3 noch kompakt bleiben. Bei den Frühholzzellen des Druckholzes wie auch beim Spätholz von Normal- und Druckholz zeigen sich nur graduelle Veränderungen gegenüber den Bildern 14 bis 17 der Kochstufe 1 h/145 °C, wobei in Übereinstimmung mit den chemischen Daten der Fortschritt der Kochung beim Spätholz des Druckholzes am geringsten ist.

In der Endstufe der Kochung (3 h/115 °C) bestätigen sich für das Normalholz die Ergebnisse der Serie II (vgl. Bilder 10 und 11), indem das Netzwerk der S_2 beim Spätholz wiederum lockerer und weiter aufgelöst ist als beim Frühholz. Beim Druckholz wird für die Frühholzzellen eine mit der des Normalholzes vergleichbare,

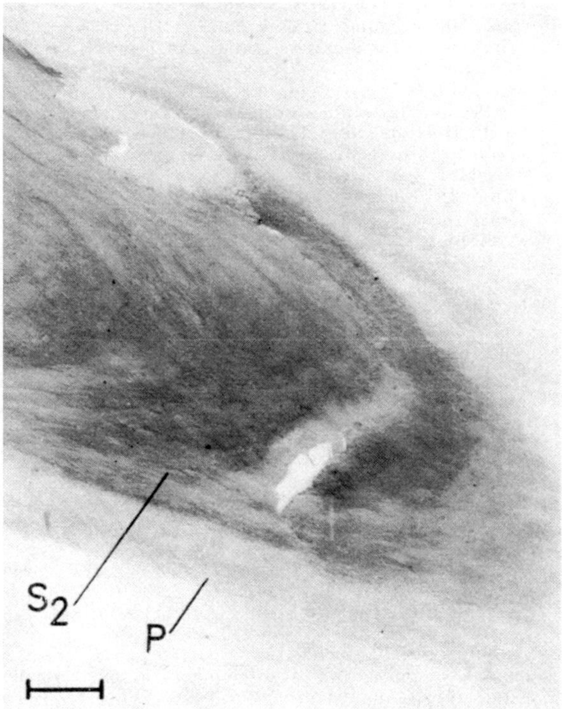

Bild 18. Markstrahlzelle nach 1 h/145 °C, III. Serie
Zellspitze mit lamellarer Schichtung der Sekundärwand und verwobene Netzstruktur der Primärwand
Vergr. 10000:1

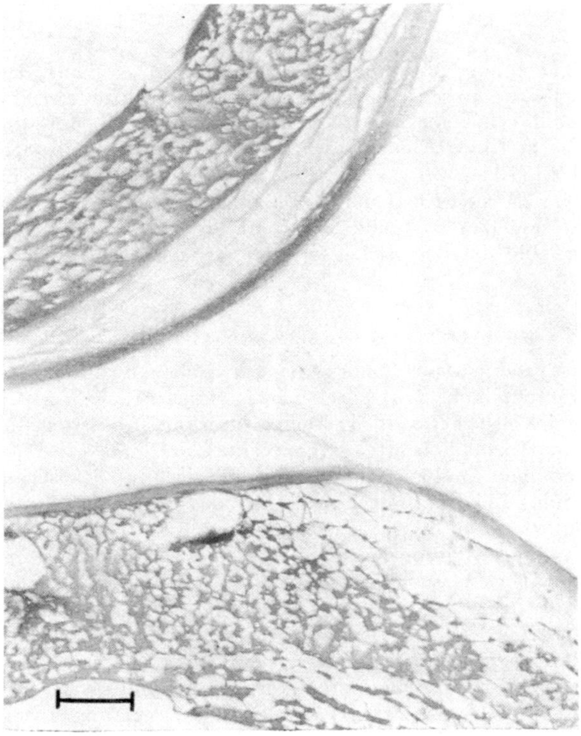

Bild 19. Druckholzzelle im Frühholz nach 3 h/145 °C, III. Serie
Starke Auflockerung in der Sekundärwand, besonders in der ligninreichen Zone. S_1 bleibt kompakt Vergr. 10000:1

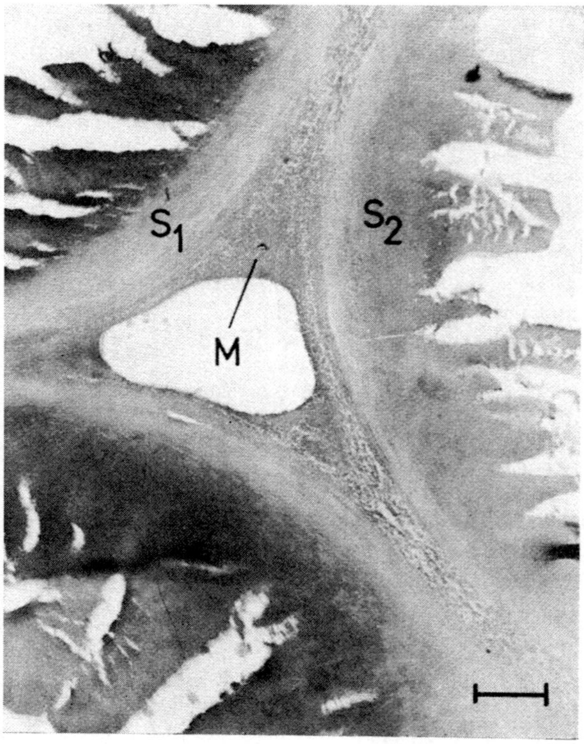

Bild 20. Druckholzzelle im Spätholz nach 3 h/145 °C, III. Serie
Zellwand insgesamt wenig angegriffen Vergr. 10000:1

aber infolge des anderen anatomischen Aufbaus der Zellwand wesentlich inhomogene Netzstruktur erreicht (Bild 19), wobei die noch recht kompakte S_1 auffällt. Die Spätholzzellen des Druckholzes bleiben auch nach 3 h Kochen wenig aufgeschlossen. Teilweise sind wie in Bild 20 noch Reste der Mittellamelle zu finden, und die S_2 erscheint weitgehend ungestört. Deutlich hebt sich im Bild die sehr dicke, lamellar strukturreiche S_1 heraus.

5. *Zusammenfassung und Schlußfolgerungen*

Trotz gewisser Unterschiede zwischen den hier betrachteten beiden Lärchenarten hinsichtlich Verlauf und Vollständigkeit der Delignifizierung ergibt sich für den Normalholzanteil eine recht klare und offenbar verallgemeinerungsfähige Differenzierung zwischen Früh- und Spätholz hinsichtlich des Verhaltens beim Sulfitaufschluß. Das Frühholz wird trotz eines hohen Ausgangs-Ligningehaltes infolge eines anderen Massenverhältnisses von Mittelschicht und Sekundärwand auch nach kurzer Stillstandszeit bei 105 °C (Sulfonierungszeit) bei Fertigkochtemperatur rasch und vollständig delignifiziert unter gleichzeitiger Auflösung des Zellverbandes infolge intensiven Angriffs auf die Mittellamelle. Beim Spätholz verläuft dieser Vorgang etwas zögernder, jedoch wird im Endstadium der Kochung eine wesentlich stärker aufgelockerte und bis zu den Fibrillenbündeln differenzierte Netzstruktur der S_2 erhalten, als dies bei den dünnwandigen Frühholzzellen trotz gleichermaßen fortgeschrittener oder noch weitergehender Ligninauslösung der Fall ist. Der Druckholzanteil erweist sich vor allem in den Spätholzzellen als gegenüber Normalholz wesentlich schwerer aufschließbar. Nach 3 h Kochen ist hier zwar für die Frühholzzellen ebenfalls eine lockere, allerdings gegenüber Normalholz unregelmäßigere Netzstruktur erreicht, die Wände der Spätholzzellen bleiben jedoch auch in dieser Endstufe des Aufschlusses auffallend kompakt. Für die stark lignifizierten Zellwandschichten (Mittellamelle, äußere Zone der S_2) erscheint eine noch recht kompakte Struktur auf Grund des hohen Restligningehaltes verständlich, während sie für die weitgehend ligninfreien Schichten, vor allem für die hier nicht durch eine S_3 abgeschlossene, auf Grund des Spaltensystems über eine große Oberfläche verfügende innere Zone der S_2, zunächst nicht zu erwarten war. Möglicherweise spielt bei den Spätholzzellen des Druckholzes auch eine andere Zusammensetzung des Lignins der Sekundärwand eine Rolle [29].

Literatur

[1] *Illin, N. A.:* Der Sulfataufschluß von Lärchenholz. Bumaž. Prom. (Papier-Ind.) **31** (1956) 3, S. 25.

[2] *Flamm, E.,* und *Belak, F.:* Vergleich von Sulfatzellstoff aus Lärchen- und Kiefernholz. Österreichische Papierztg. **63** (1957) S. 17–19.

[3] *Nokihara, E.:* Untersuchungen über den Sulfitaufschluß von Lärchenholz. Jap. I. Tappi, New York **10** (1956) S. 342–347; 670–676; **11** (1957) S. 116–121; **12** (1958) S. 233–238.

[4] *Cocieva, M. M., Bresstkin, Ju. W.,* und *Nikitin, N. I.:* Die fraktionsmäßige Zusammensetzung der natürlichen und der Sulfatcellulose der Lärche. Ž. prikl. Chimii (Z. angew. Chemie **36** (1963) S. 1566–1571.

[5] *Jacopian, V.,* und *Schönbach, H.:* Der Einsatz von Lärchenholz für die Herstellung von Zellstoff. Zellstoff u. Papier **14** (1965) S. 65–73.

[6] *Packman, D. F.:* Pulping of british-grown softwoods. II. Preliminary studies on japanese Larch (Larix leptolepis). Holzforschung **20** (1966) S. 110–113.

[7] *Melms, F.,* und *Mühlberg, L.:* Vergleichender Sulfataufschluß von Kiefern- und Lärchenholz. Zellstoff u. Papier **18** (1969) S. 15–22.

[8] *Nevalainen, K.,* und *Hosia, M.:* The suitability of Larch as fibre raw material. I. Larch and its properties. II. Larch as fibre raw material. Paperi ja Puu, Helsinki (Papier u. Holz) **51** (1969) S. 433–438; S. 503–510.

[9] *Casperson, G., Jacopian, V.,* und *Philipp, B.:* Zur Veränderung der Ultrastruktur von Pappelholz im Verlaufe verschiedenartiger Aufschlußprozesse. Svensk Papperstidn. **70** (1967) S. 702–710.

[10] *Jacopian, V., Casperson, G.,* und *Philipp, B.:* Elektronenmikroskopische Untersuchungen an Pappelholz nach verschiedener chemischer Behandlung. Zellstoff u. Papier **16** (1967) S. 227–232.

[11] *Casperson, G., Jacopian, V.,* und *Philipp, B.:* Zum Einfluß verschiedenartiger Aufschlußprozesse auf die Ultrastruktur des Reaktionsholzes der Pappel. Svensk Papperstidn. **71** (1968) S. 482–487.

[12] *Jacopian, V., Philipp, B., Casperson, G.,* und *Schleicher, H.:* Zum Verhalten des Zugholzes der Pappel bei Aufschluß, Bleiche und Viskosierung. Zellstoff u. Papier **17** (1968) S. 376–380; **18** (1969) S. 12–15.

[13] *Jacopian, V., Casperson, G.,* und *Philipp, B.:* Elektronenmikroskopische Untersuchungen an verschiedenartig aufgeschlossenem Pappelholz. Cellulose Chem. Technol. Jassy/Rum. **2** (1968) S. 631–653.

[14] *Casperson, G.:* Anatomische Untersuchungen am Lärchenholz (Larix decidua Miller). Faserforsch. u. Textiltechn. **19** (1968) S. 467–476.

[15] *Coté, W. A., Day, A. C.,* and *Timell, T. E.:* Distribution of lignin in normal and compression wood of Tamarack. Wood Science Technol. **2** (1968) S. 13–37.

[16] *Trendelenburg, R.*, und *Mayer-Wegelin, H.*: Das Holz als Rohstoff. 2. völlig überarbeitete Auflage. München: Carl Hanser 1955.
[17] *Greguss, P.*: Xylotomische Bestimmung der heute lebenden Gymnospermen. Budapest: Akademiai Kiado 1955.
[18] *Casperson, G.*: Über die Bildung der Zellwand beim Reaktionsholz. II. Zur Physiologie des Reaktionsholzes. Holztechnol. **4** (1963) S. 33—37.
[19] *Casperson, G.*: Chemische, anatomische und physiologische Eigenheiten des Reaktionsholzes. In: Chemiefaser-Symposium. Abh. dt. Akad. Wiss. Berlin, Kl. Chemie, Geologie, Biologie (1962) 3, S. 39—52.
[20] *Casperson, G.*, und *Hoyme, E.*: Über endogene Faktoren der Reaktionsholzbildung. 2. Mitt.: Untersuchungen an Fichte (Picea abies Karst.). Faserforsch. u. Textiltechnik **16** (1965) S. 352—359.
[21] *Casperson, G.*: Elektronenmikroskopische Untersuchungen des Zellwandaufbaues beim Reaktionsholz der Coniferen. Ber. dt. bot. Ges. **72** (1959) S. 230—235.
[22] *Casperson, G.*: Mikroskopischer und submikroskopischer Zellwandaufbau beim Druckholz. Faserforsch. u. Textiltechnik **10** (1959) S. 536—541.
[23] *Casperson, G.*, und *Zinßer, A.*: Über die Bildung der Zellwand bei Reaktionsholz. 3. Mitt.: Zur Spaltenbildung im Druckholz von Pinus sylvestris L. Holz Roh- und Werkstoff **23** (1965) S. 49—55.
[24] *Casperson, G.*: Zur Anatomie des Reaktionsholzes Svensk Papperstidn. **68** (1965) S. 534—544.
[25] *Casperson, G.*: Über die Bildung der Zellwand beim Reaktionsholz. I. Zur Anatomie des Reaktionsholzes. Holztechnol. **3** (1962) S. 217—223.
[26] *Wergin, W.*, und *Casperson, G.*: Über Entstehung und Aufbau von Reaktionsholzzellen. 2. Mitt.: Morphologie der Druckholzzellen von Taxus baccata. Holzforsch. **15** (1961) S. 44—49.
[27] *Wergin, W.*: Entstehung und Aufbau von Reaktionsholzzellen. 4. Mitt.: Nachweis der Ligninverteilung in den Zellwänden des Druckholzes durch Untersuchungen im UV-Licht. Flora, Abt. A **156** (1965) S. 322 bis 331.
[28] *Coté, W. A.*, *Day, A. C.*, *Kutscha, N. P.*, und *Timell, T. E.*: Studies on compression wood. V. Nature of compression wood formed in the early springwood of conifers. Holzforsch. **21** (1967) S. 180—186.
[29] *Bland, D. E.*: The chemistry of reaction wood. III. The milled wood lignins of Eucalyptus goniocalyx and Pinus radiata. Holzforsch. **15** (1961) S. 102—106.

Eingegangen am 12. Dezember 1969

Elektronenmikroskopische Untersuchungen an Ultradünnschnitten von Celluloseregeneratfäden

Teil IV. Die Struktur von Gelfäden, ersponnen in Lösungen aus Schwefelsäure und Natriumsulfat[1])

Heinz Jürgen Gensrich und Anneliese Gröbe

Deutsche Akademie der Wissenschaften zu Berlin, Institut für Faserstoff-Forschung in Teltow-Seehof

DK 677.463:677.46.021.5:677.46.021.523:546.226'33:539.216.1:537.533.35

In Lösungen von Schwefelsäure und Natriumsulfat ersponnene Gelfäden, deren Morphologie mittels Ultramikrotomie untersucht wird, zeigen drei charakteristische Merkmale: Außenmembran, dreidimensionales Cellulosenetz der Strukturelemente und z. T. radiale Kapillaren. Die Ursachen und Mechanismen ihrer Entstehung werden diskutiert.

Электронномикроскопические исследования ультратонких срезов гидратцеллюлозных волокон
Часть IV. Структура гель-волокон, сформованных в растворах серной кислоты и сульфата натрия

Методом электронной микроскопии ультратонких срезов изучена морфология гель-волокон, сформованных в растворах серной кислоты и сульфата натрия. Характерными для этих волокон является наличие узкой оболочки, трехмерной целлюлозной сети структурных элементов и, частично, радиальных капилляров, причины и механизмы возникновения которых обсуждаются.

Electron Microscopic Investigations of Ultrathin Sections of Rayon Fibres
Part IV. The Structure of Gel Filaments obtained in Solutions of Sulfuric Acid and Sodium Sulfate

The morphology of gel filaments spun in solutions of sulfuric acid and sodium sulfate has been investigated with specimens prepared by using an ultramicrotome. Three essential structural features were observed: Outer membrane, spatial cellulose network and, partially radial, capillaries. The cause and mechanism of their formation are discussed.

1. *Einleitung*

Im Teil III [3] dieser Veröffentlichungsreihe [1, 2, 3] untersuchten wir den Einfluß von einkomponentigen Spinnbädern, wie Lösungen von Ammoniumsulfat, Natriumsulfat, Schwefelsäure und Zinksulfat, auf die Gelstruktur entstehender Celluloseregeneratfäden. Wir konnten zeigen, daß die Morphologie der Gelfäden von dem Koagulationsvermögen der verwendeten Elektrolytlösungen abhängt. Grundsätzlich bildeten sich Strukturen aus, die als dreidimensionales Netz der Strukturelemente anzusehen sind. Als Strukturelemente stellten wir Fibrillen von ca. 55 bzw. 100 Å Durchmesser sowie deren Aggregationen fest. Der Grad der Aggregation zu breiteren Strukturelementen war je nach Elektrolytlösung verschieden und ergab für steigendes Koagulationsvermögen die Reihe Natriumsulfat $>$ Ammoniumsulfat $\gg$ Zinksulfat. Die Häufigkeit der Verknüpfung der Strukturelemente untereinander nahm dagegen in entgegengesetzter Richtung zu, so daß die Gelnetze mit der häufigsten Verknüpfung ihrer Strukturelemente auch die kleinsten Hohlräume enthielten. Im vorliegenden Teil wird die Morphologie von Gelfäden beschrieben, die in Elektrolytlösungen, bestehend aus Na_2SO_4 und H_2SO_4, koaguliert wurden.

[1]) Teil III s. [3].

2. *Untersuchungsmaterial und Methoden*

Das Untersuchungsmaterial erspannen wir an einer einstelligen Laborspinnmaschine mit einer Düse von 18 Loch/80 μm und einer Viskose der Zusammensetzung 8,3% Cellulose, 6,0% Alkali und 47% CS_2 mit einer *Hottenroth*-Reife

Tabelle 1. Spinnparameter der untersuchten Proben und Präparationsumstände für die Ultramikrotomie

Spinnbad, Spinnbadtemperatur	Verzug	Zersetzungs-lösung	Trocknungs-verfahren	Einbettungs-mittel	Ultradünnschnitt-behandlung	Faden-kurz-bezeich-nung
2n H_2SO_4 20 °C	2	2 n H_2SO_4	Lösungsmittel-austausch	vorpolymeri-siertes Methacrylat	Lösen des Ein-bettungsmittels mit Benzoldampf, Pd-Beschattung	*F*
1 n H_2SO_4/1 n Na_2XO_4 20 °C	1	1 n H_2SO_4	Lösungsmittel-austausch	vorpolymeri-siertes Methacrylat	Lösen des Ein-bettungsmittels mit Benzoldampf, Pd-Beschattung	*I*
1 n H_2SO_4/ 2n Na_2SO_4 20 °C	2	1 n H_2SO_4	Lösungsmittel-austausch	vorpolymeri-siertes Methacrylat	Lösen des Ein-bettungsmittels mit Benzoldampf, Pd-Beschattung	*K*
2 n H_2SO_4 63 °C	1	2 n H_2SO_4	Lösungsmittel-austausch	vorpolymeri-siertes Methacrylat	Lösen des Ein-bettungsmittels mit Benzoldampf, Pd-Beschattung	*FT*
1 n H_2SO_4/1 n Na_2SO_4 63 °C	1	1 n H_2SO_4	Lösungsmittel-austausch	vorpolymeri-siertes Methacrylat	Lösen des Ein-bettungsmittels mit Benzoldampf, Pd-Beschattung	*IT*
1 n H_2SO_4/2 n Na_2SO_4 63 °C	1	1 n H_2SO_4	Lösungsmittel-austausch	vorpolymeri-siertes Methacrylat	Lösen des Ein-bettungsmittels mit Benzoldampf, Pd-Beschattung	*KT*
0,28 n H_2SO_4/0,47 n $CuSO_4$ (Cuoxamver-fahren)	starke Stau-chung	0,28 n H_2SO_4/ 0,47 n $CuSO_4$	Lösungsmittel-austausch	vorpolymeri-siertes Methacrylat	Lösen des Ein-bettungsmittels mit Benzoldampf, Pd-Beschattung	*L*

Tabelle 2. Charakteristische Merkmale der Gelstruktur der untersuchten Proben

Probe Bild-Nr.	Spinnbad Temperatur-Verzug	Außen-mem-bran, Breite in Å	Fibrillen und Aggregationen Breite in Å	Hohlraum-Durch-messer im Cell.-Netz in Å	Radial-kapil-laren	Bemerkungen
E	2 n Na_2SO_4 20 °C, 2	ohne	z. T. 100 200···400	100···4000 bevorzugt 1000···2500	keine	
F 1, 9*a*	2 n H_2SO_4 20 °C, 2	800··· 1200	100 200···400	100···3000 100 in der Membran	wenige	Membran porig
I 2	1 n H_2SO_4/1 n Na_2SO_4 20 °C, 1	2000··· 5500 im Mit-tel 4000	z. T. 100 200···400 „Cluster" bis 5000	200···3000 100 in der Membran	mehrere	„Cluster" besonders im Randbereich, z. T. in kleinere Strukturen auflösbar, Membran porig locker
K 3	1 n H_2SO_4/2 n Na_2SO_4 20 °C, 2	2000··· 3000	z. T. 100 200···800	300···4500	wenige	Membran dicht mit z. T. isolierter Cell.-Schicht v. ca. 1000 Å
FT 4, 7, 8, 9*c*	2 n H_2SO_4 63 °C, 1	ca. 500	100···1400	200···6000	viele	Membran sehr dicht gepackt
IT 5	1 n H_2SO_4/1 n Na_2SO_4 63 °C, 1	ca. 8000	vereinzelt 100 300···700	1000 bis zu 1 µm	wenige	Membran locker mit Hohlräumen von 100···3000 Å
KT 6	1 n H_2SO_4/2 n Na_2SO_4 63 °C, 1	ca. 6000	z. T. 100 200···1000	in dichteren Bereichen 200···1500 sonst 2000···7000 100 in der Membran	viele	Membran porig locker
L 10	0,28 n H_2SO_4/0,47 n $CuSO_4$ (Cuoxam) 20 °C, starke Stauchung	200··· 600	100 200···400	200···3000	keine	regelmäßiges Cellulosenetz

von 20°. Die näheren Spinnumstände haben wir im Teil I [1] dieser Veröffentlichungsreihe beschrieben. Außerdem benutzten wir eine Cuoxamspinnlösung der Zusammensetzung 7% Cellulose, 2,65% Kupfer und 4% Ammoniak. Die Cuoxamspinnlösung wurde abweichend von den anderen Spinnversuchen durch eine Einlochdüse von 80 μm Bohrungsdurchmesser in ein Bad von 13,5 g/l Schwefelsäure und 15 g/l Kupfer gesponnen.

Tabelle 1 enthält eine Zusammenstellung der Spinn- und Präparationsparameter der hier untersuchten Fadenproben. Die Fadenkurzbezeichnungen in der letzten Spalte schließen in ihrer Reihenfolge an die Bezeichnungen aus den vorhergegangenen Untersuchungen [3] an. Die Präparation der Fadenproben für die Elektronenmikroskopie wurde bereits mitgeteilt [1, 2].

Die Fäden hatten auch bei den schwefelsäurehaltigen Spinnbädern nach 500 mm Badstrecke noch einen Rest-γ-Wert. Es wurde deshalb eine Nachzersetzung in 1 n H_2SO_4 angeschlossen. Wir überprüften zunächst in Vorversuchen, ob durch die Zersetzung in 1 n Schwefelsäure eine Strukturveränderung eintritt. Dazu benutzten wir die Probe B [3], die nach dem Spinnen in eine 2 n Ammoniumsulfatlösung noch annähernd den γ-Wert der Viskose besaß, und regenerierten sie bei Zimmertemperatur entweder schonend in einer 2 n Ammoniumsulfatlösung [1, 2] oder in 1 n Schwefelsäure. Die Ultradünnschnitte beider Fäden zeigten keine Unterschiede in der Morphologie. Damit ist bewiesen, daß die Zersetzung eines bereits durch Koagulation fixierten Cellulosexanthogenatgeles mit 1 n Schwefelsäure artefaktfrei verläuft. Bei hoher Schwefelsäurekonzentration können Strukturveränderungen auftreten: *Coalson, Day* und *Marchessault* [4] regenerierten Cellulosexanthogenatfilme in 2,45 n Schwefelsäure. Durch die hohe H_2SO_4-Konzentration wird die Zersetzung stark beschleunigt, und der Schwefelkohlenstoff scheidet sich tropfenförmig ab. An diesen Stellen wird das Gelnetz verdrängt, und es bleiben Hohlräume zurück.

3. *Darstellung und Diskussion der Ergebnisse*

3.1. *Der Einfluß schwefelsäure- und natriumsulfathaltiger Spinnbäder auf die Morphologie der Gelfäden*

Ausgangspunkt für die Untersuchungen mit zweikomponentigen Spinnbädern ist das Strukturbild der Gelfäden, die in eine Lösung von 2 n Na_2SO_4 gesponnen wurden (Probe E). Wir stellten fest [3], daß die Morphologie dieser Probe als Raumnetz von Fibrillen ohne Fadenbegrenzung dargestellt werden kann. Die wichtigsten Parameter, die die Morphologie aller hier untersuchten Fäden charakterisieren, haben wir in Tabelle 2 zusammengestellt.

Aus Tabelle 2 ist zu ersehen, daß unabhängig von Verzug, Spinnbadtemperatur und -zusammensetzung durch den Zusatz von H_2SO_4 eine zusammenhängende Membran um den Faden gebildet wird (Bilder 1 bis 6). Die Breite der Membran kann in Abhängigkeit von den Spinnbedingungen verschiedene Werte annehmen. So finden wir bei reinen Schwefelsäurebädern und Spinnbadtemperaturen von 63°C (Probe *FT*) eine Membran von ca. 500 Å Breite, wogegen das Puffern der Säure durch Na_2SO_4 eine Verbreiterung der Membran auf ca. 6000 Å (Probe *KT*) bzw. ca. 8000 Å (Probe *IT*) bewirkt. Derselbe Zusammenhang ergibt sich bei 20°C zwischen den Proben *F* und *K* mit Membranstärken von 800 bis 1200 Å bzw. 2000 bis 3000 Å. Auch die Struktur der Membranen ist nicht einheitlich, vielmehr können wir Unterschiede in der Packungsdichte

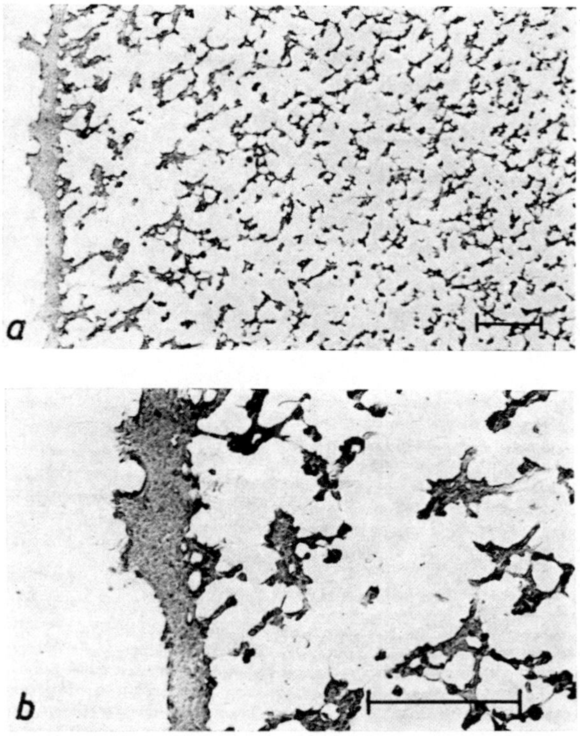

Bild 1. Probe *F* (2 n H_2SO_4, 20 °C), Querschnitte
Vergrößerung a) 3000:1
b) 13000:1

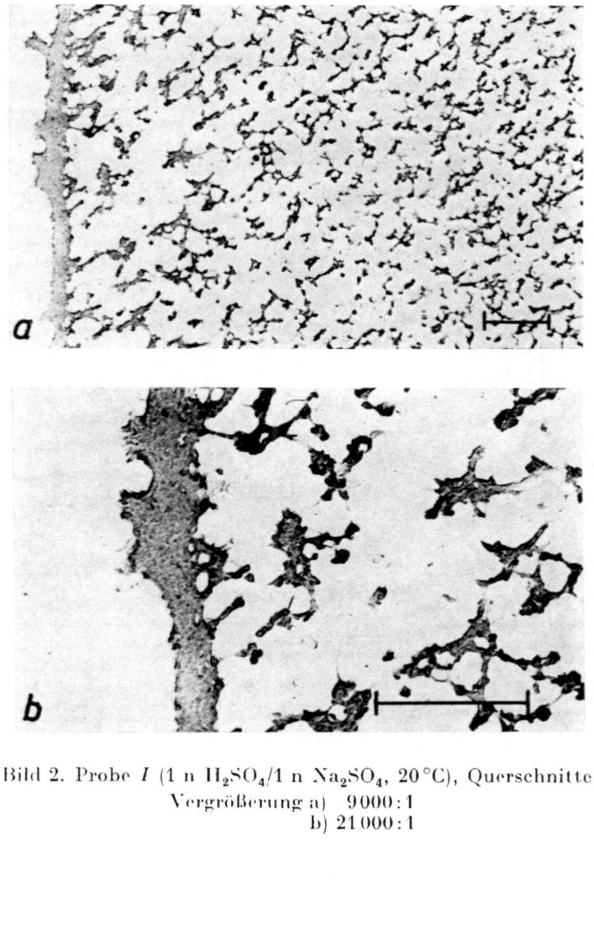

Bild 2. Probe *I* (1 n H_2SO_4/1 n Na_2SO_4, 20°C), Querschnitte
Vergrößerung a) 9000:1
b) 21000:1

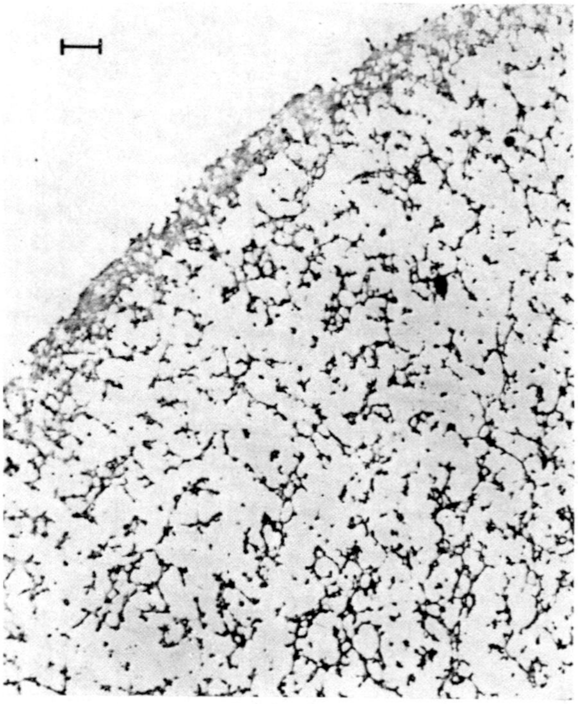

Bild 3. Probe *K* (1 n H_2SO_4/2 n Na_2SO_4, 20 °C), Querschnitt
Vergrößerung 9000 : 1

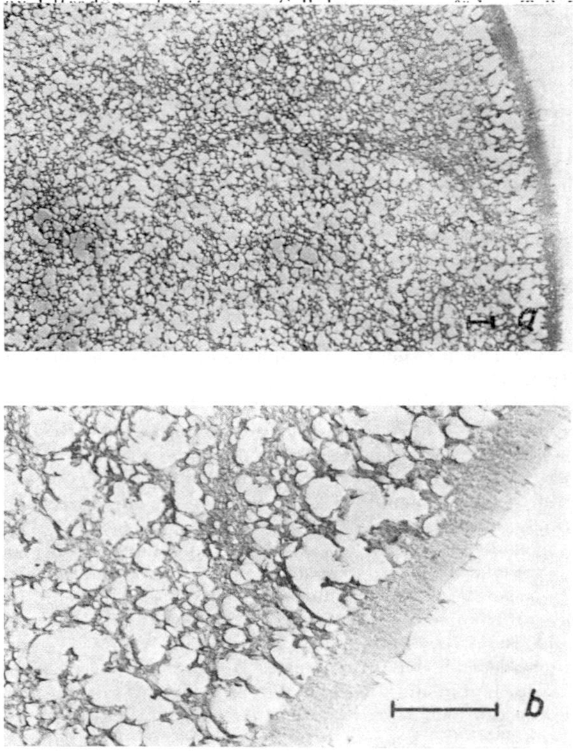

Bild 4. Probe *FT* (2 n H_2SO_4, 63 °C), Querschnitt
Vergrößerung 15000 : 1

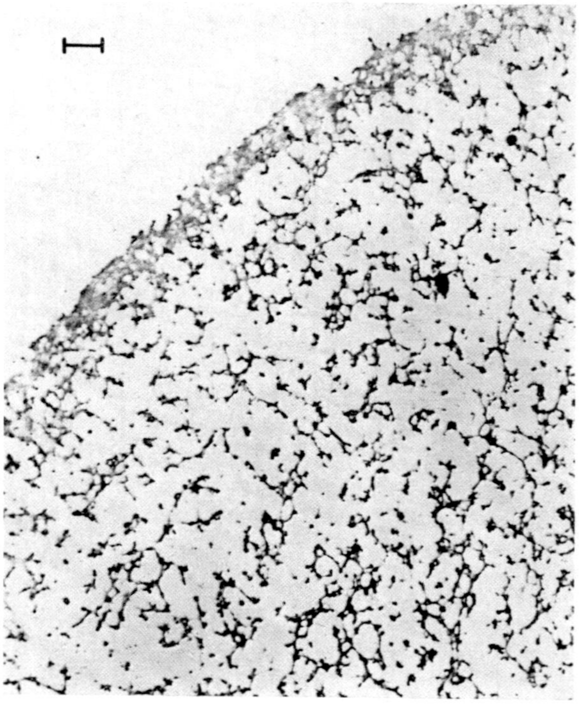

Bild 5. Probe *IT* (1 n H_2SO_4/1 n Na_2SO_4, 63 °C), Querschnitt
Vergrößerung 6000 : 1

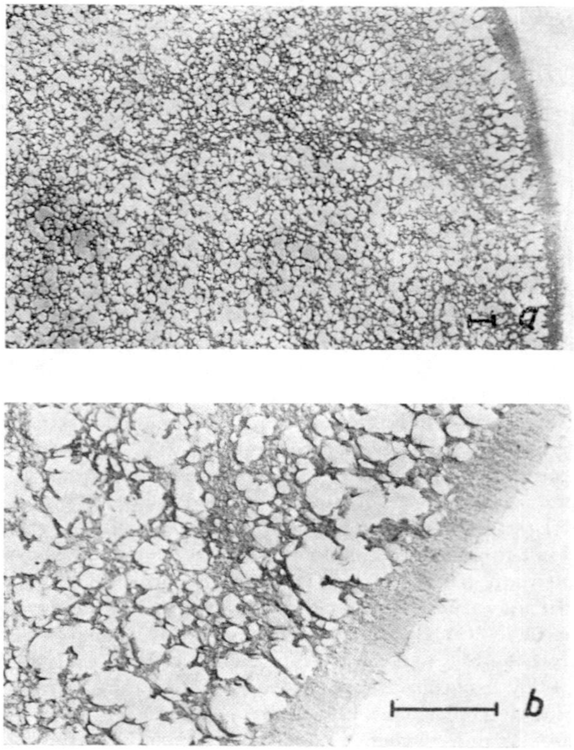

Bild 6. Probe *KT* (1 n H_2SO_4/2 n Na_2SO_4, 63 °C), Querschnitt
Vergrößerung a) 4000 : 1
b) 15000 : 1

der Strukturelemente feststellen. Besonders die Membran der Fäden, die in gepufferte Schwefelsäurebäder gesponnen wurden, lassen eindeutig morphologische Details erkennen. Sehr locker ist die Membran der Probe *IT* (Bild 6) aufgebaut. Durch den großen Anteil an Hohlräumen vermittelt sie den Eindruck von einer netzartigen Organisationsform. Die Membranen der Proben *I*, *KT* und *F* (Bild 5, 4 und 1b) sind von feinen Poren durchzogen. Bei den Proben *FT* und *K* (Bild 3 und 2) beobachtet man eine sehr dichte Packung der Strukturelemente. Diese sind in den Bildern 1b und 3 als Punkte von 200 bis 400 Å Durchmesser erkennbar. Die punktförmige Anordnung beweist die hohe Orientierung der Strukturelemente in der Membran dieser Proben. Solche strukturellen Einzelheiten an Außenmembranen von Celluloseregeneratfäden sind an elektronenmikroskopischen Querschnittsbildern bisher nicht gezeigt worden.

Durch die Unterschiede in der Morphologie der Außenmembran kann die Diffusion zwischen Faden und Spinnbad, insbesondere die H_2SO_4-Diffusion, verändert werden. *Grams* und *Warzywoda* [5] maßen mit Hilfe einer speziellen Diffusionselektrode den Einfluß der Na_2SO_4-Konzentration im H_2SO_4/Na_2SO_4-Koagulationsbad auf die Durchdringungsgeschwindigkeit von Wasserstoffionen durch einen Viskosefilm. Es wurde gefunden, daß die Durchdringungsgeschwindigkeit mit steigender Na_2SO_4-Konzentration ein Minimum durchläuft. Für diese Anomalie machten die Autoren den Antagonismus zwischen Senkung der H^+-Ionenaktivität durch Na_2SO_4-Zusatz [6] und den Koagulationsreaktionen verantwortlich. Zu den Koagulationsreaktionen gehört auch die Ausbildung einer Membran. Aus unseren Untersuchungen müssen wir schlußfolgern, daß bei den Versuchen von *Grams* und *Warzywoda* Membranen unterschiedlicher Struktur gebildet wurden, die dann diesen anomalen Diffusionsverlauf hervorriefen.

Es ist festzustellen, daß die eigentliche Wirkung der H_2SO_4 bei der Strukturausbildung der Fäden auf der Ausfällung einer Membran beruht; die Netzstruktur des Fadeninneren wird dagegen vorwiegend unter der Wirkung von Na_2SO_4 gebildet, das aus der Neutralisation zwischen dem NaOH der Viskose und der eindiffundierenden H_2SO_4 entsteht (s. auch [3]). Dies erklärt auch, daß trotz der Unterschiede in den Spinnbedingungen das Cellulosenetz im Inneren der Fäden nicht sehr stark variiert. Wir können jedoch Unterschiede im Grad der Aggregation der Strukturelemente feststellen. Auch die Größe der Hohlräume unterliegt gewissen Schwankungen, wodurch eine verschieden dichte Packung der Cellulosesubstanz hervorgerufen wird.

Diese morphologischen Unterschiede sind abhängig von der Koagulationsgeschwindigkeit. Wir wissen z. B., daß bei einer schnellen Koagulation die in der Viskose vorhandenen Strukturelemente sich nicht so stark zusammenlagern, wie bei einer langsamen Koagulation [3, 7]. Da die Diffusion der Schwefelsäure in den Faden durch die Membran gesteuert wird, übt sie einen Einfluß auf die Koagulationsgeschwindigkeit aus. So lassen die Bilder 1 bis 6 erkennen, daß der Grad der Aggregation immer dann groß ist, wenn wir eine dichte und/bzw. breite Membran vorliegen haben.

3.2. *Radialkapillaren und Entmischungsvorgänge*

An den Ultradünnschnitten bestimmter Proben beobachteten wir ein für Celluloseregeneratfäden neues Element in der Morphologie. Es handelt sich um sehr große tropfenförmige Hohlräume, die mit ihrer Spitze immer in Richtung der Außenmembran weisen. Bild 7 zeigt die typische Form dieser Hohlräume in einem Querschnitt, die räumliche Gestalt kann man sich annähernd rotationssymmetrisch dazu vorstellen. Wir wollen diese Hohlräume in Anlehnung an unsere Arbeiten zur Gelbildung aus Cellulosexanthogenatsolen [8, 9, 10, 11] Radialkapillaren nennen.

Aus Bild 7 können wir entnehmen, daß die Radialkapillaren unmittelbar hinter der Primärmembran — zumeist in einem größeren Hohlraum des Cellulosenetzes — entspringen und sich dann radial zum Fadenzentrum hin ausweiten. Die Wandungen werden durch das umgebende Cellulosenetz gebildet, somit steht das Innere der Radialkapillaren unmittelbar mit dem Hohlraumsystem des Cellulosenetzes in Verbindung.

Ein Querschnitt durch den Ursprung der Kapillaren, wie ihn Bild 7 darstellt, gelingt nicht häufig. In der Regel erhält man Querschnitte wie in Bild 8. Hier sind die Radialkapillaren nur angeschnitten und erscheinen als große Löcher im Cellulosenetz. Bild 8 zeigt, in welch engem Raum mehrere Kapillaren gehäuft auftreten können, so daß zwischen ihnen nur noch schmale Stege des Cellulosenetzwerkes verbleiben.

Radialkapillaren haben wir beim Spinnen von Viskose nur dann beobachtet, wenn Schwefelsäure im Spinnbad vorliegt. Lösungen von $(NH_4)_2SO_4$, Na_2SO_4 oder $ZnSO_4$ allein erzeugen keine Radialkapillaren. Der Gehalt an Na_2SO_4 und die Konzentration an H_2SO_4 im Spinnbad beeinflussen ihre Häufigkeit. In Tabelle 2

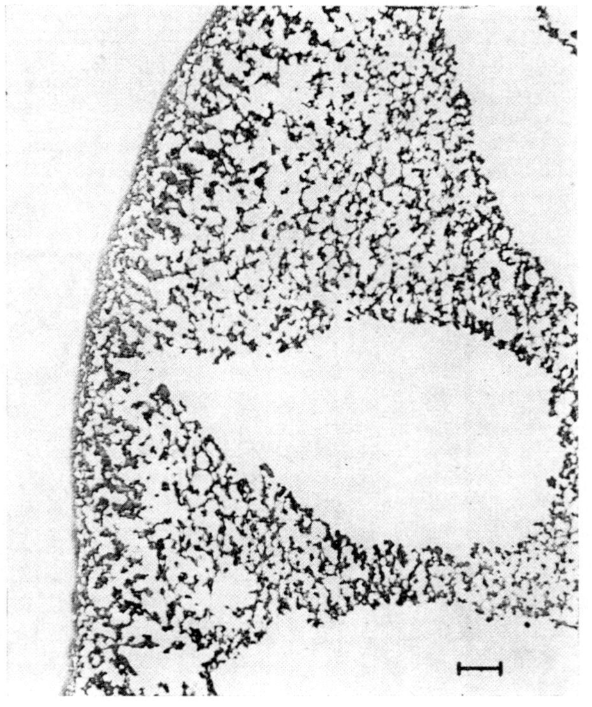

Bild 7. Probe *FT* (2 n H_2SO_4, 63 °C), Querschnitt Vergrößerung 6000:1

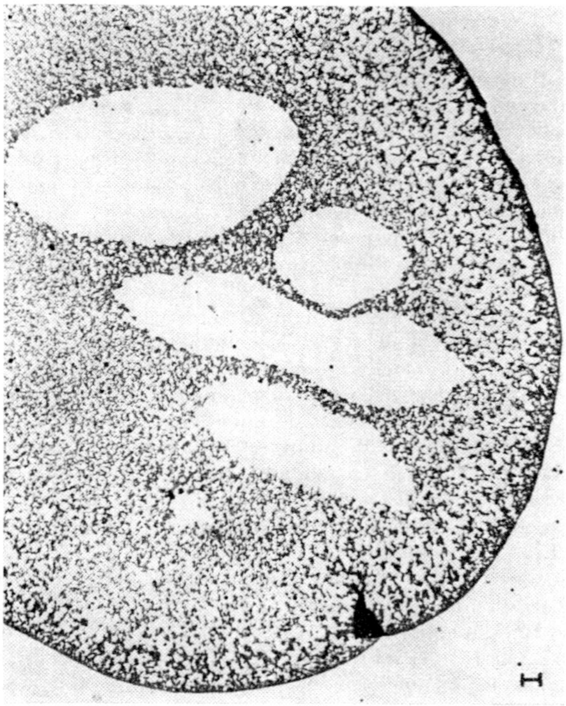

Bild 8. Probe *FT* (2 n H_2SO_4, 63 °C), Querschnitt
Vergrößerung 3000:1

ist vermerkt, in welchen Proben Radialkapillaren enthalten sind.

Eine Häufung von Radialkapillaren entsteht zumeist bei höheren Spinnbadtemperaturen. Bild 9 zeigt lichtmikroskopische Aufnahmen feuchter, frisch dem Spinnbad entnommener Fäden der Probe *F* in einer Temperaturreihe. Deutlich nimmt die Zahl der Radialkapillaren mit der Temperatur zu. Ähnliches ist auch bei Probe *K* festzustellen.

Es ergibt sich nun die Frage, welche Ursachen für die Ausbildung solcher Radialkapillaren und ihrer typischen Form vorliegen.

Beim Viskoseprozeß kommen praktisch zwei Reaktionen für eine Hohlraumbildung in Betracht, das ist

1. die Entmischung während der Koagulation und
2. die Zersetzung des Cellulosexanthogenates zu Regeneratcellulose und den Zersetzungsprodukten H_2S und CS_2.

Wie die Bilder 7 und 8 zeigen, stehen die Radialkapillaren, wie schon erwähnt, unmittelbar mit dem Hohlraumsystem des umgebenden Cellulosenetzes in Verbindung. Die Kapillarbildung muß deshalb in ursächlichem Zusammenhang mit der Ausbildung dieses Hohlraumsystems und damit des räumlichen Cellulosenetzes stehen. Vor der Beantwortung der Frage nach den Ursachen und dem Mechanismus der Kapillarbildung müssen demzufolge die Gründe für die Entstehung des Hohlraumsystems bekannt sein.

Beim Spinnen von Fäden in Neutralsalzlösungen von 20 °C kann die Koagulation der Viskose von den Zersetzungsreaktionen getrennt werden [1, 2, 3]. Man erhält Fadenproben, die noch den γ-Wert der Viskose besitzen [1] (Probe *B* und *E* in [3]). Führt man ihre Zersetzung schonend über mehrere Tage in den Neutralsalzlösungen durch, so entstehen die Zersetzungsprodukte sehr langsam und können in Lösung abdiffundieren, ohne gasförmig oder flüssig (CS_2) in eigener Phase aufzutreten. Sie sollten deshalb kaum einen Einfluß auf die Morphologie der Gelfäden nehmen können. Wie wir zeigten [2, 3], werden diese Fäden durch ein dreidimensionales Netz der Strukturelemente, das ein Hohlraumsystem umschließt, aufgebaut.

Um eine Freisetzung von CS_2 und H_2S vollständig zu unterbinden, stellten wir Celluloseregeneratfäden nach dem Cuoxamverfahren her (Probe *L*, Tabelle 1). Bild 10 zeigt den Ultradünnschnitt durch einen solchen Gelfaden. Man erkennt deutlich, daß die Struktur dieser Probe durch ein Netz von Cellulosefibrillen und einem Hohlraumsystem gekennzeichnet ist (Tabelle 2).

Ähnliche Strukturen entstehen auch bei der Koagulation anderer Polymerlösungen. So zeigen die Ultradünnschnitte von Alginat- [9] und Polyacrylnitril-Gelen [12, 13, 14] ein Polymernetzwerk, obwohl eine Gasbildung während ihrer Koagulation unmöglich ist.

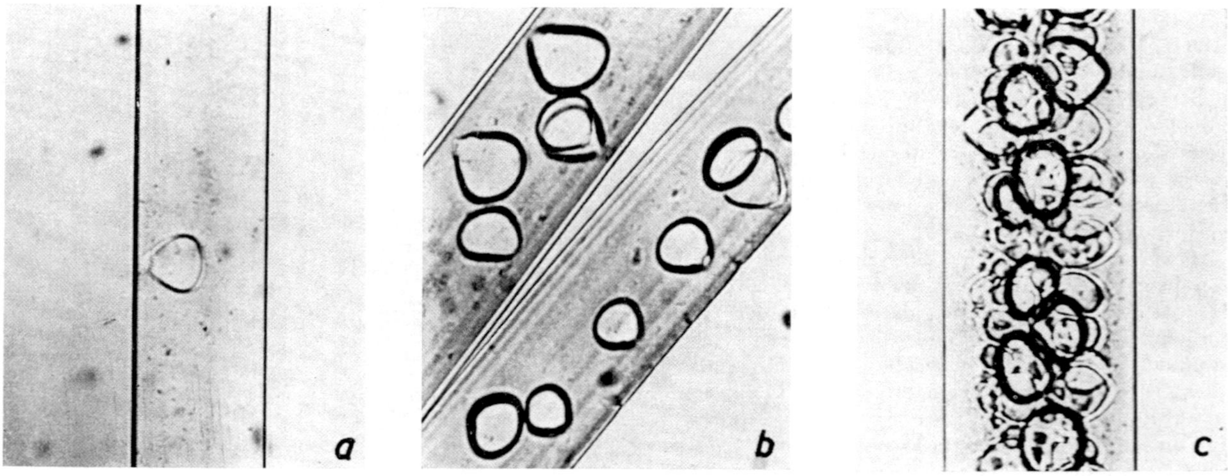

Bild 9. Lichtmikroskopische Aufnahme feuchter, dem Spinnbad entnommener Fäden. Spinnbad 2 n H_2SO_4 von a) 20 °C — b) 45 °C — c) 63 °C
Vergrößerung 380:1

Bild 10. Elektronenmikroskopische Querschnittsaufnahme der Probe *L* (Cuoxam) Vergrößerung 14000:1

Aus diesen Versuchsergebnissen ziehen wir den Schluß, daß die Zersetzung des Cellulosexanthogenates an der Ausbildung des dreidimensionalen Cellulosenetzes und des Hohlraumsystems unbeteiligt ist.

Alleinverantwortlich muß demzufolge die Entmischung während der Koagulation sein. Entmischungsvorgänge stellen ein allgemeines Prinzip bei der Gelbildung polymerer Systeme dar [15]. Sie beruhen darauf, daß der Polymerphase durch äußere oder auch innere Einflüsse Lösungsmittel entzogen wird, wodurch das Polymere nicht mehr in Lösung bleibt. Solche Einflüsse können z. B. eindiffundierende Agentien sein, die selbst einen Teil des Lösungsmittels bzw. des Lösungssystems beanspruchen, wie Fällungsmittel, Salze und Ionen oder auch solche, die lyophile Gruppen bzw. Ladungen am Polymermolekül blockieren oder abbauen. Dabei handelt es sich immer um partielle Desolvatisierung. Sie führt je nach Schnelligkeit und Art der Einwirkung zur netzartigen Ausscheidung der ursprünglich in Lösung gewesenen oder bereits stärker aggregierten Strukturen, zwischen denen sich dann die Entmischungsflüssigkeit ansammelt, wobei die Polymerphase in einem hoch gequollenen Zustand verbleibt. Es besteht Kohärenz sowohl für die Polymer- als auch für die Flüssigkeitsphase [15].

In der Viskose wird die Polymerphase, das Natriumcellulosexanthogenat, vorwiegend durch das Zweikomponentensystem Wasser und NaOH in Lösung gehalten. Sowohl Entzug von Wasser, z. B. durch Salze, als auch von NaOH durch Schwefelsäure muß letztlich zum Cellulosexanthogenatgel führen. Dieses Gel ist, wie wir hier an elektronenmikroskopischen Bildern von Fadenquerschnitten zeigten, immer durch ein räumliches Netz der Strukturelemente gekennzeichnet, für das Kohärenz besteht. Die zwischenfibrillaren Hohlräume bilden demzufolge ein Hohlraumsystem. Sie waren nach vollzogener Koagulation mit Dehydratationsflüssigkeit und den am Spinnprozeß beteiligten Elektrolyten angefüllt.

Es gilt nun zu überprüfen, ob die Entmischung ebenfalls als Ursache für die Radialkapillarenbildung anzusehen ist. Wir wissen, daß die schnelle Zersetzung eines Cellulosexanthogenatgeles, hervorgerufen durch hohe H_2SO_4-Konzentration und/oder hohe Spinnbadtemperatur, durchaus zu großen Hohlräumen führen kann, die ihre Ursache in den lokalen Ansammlungen von flüssigen (CS_2) oder gasförmigen (H_2S; CS_2 oberhalb der Siedetemperatur) Zersetzungsprodukten haben [2, 4]. Diese Hohlräume besitzen eine runde bis ovale Form und sind zumeist statistisch im Cellulosenetz verteilt. Ihre Wandungen zeigen eine typische Verdichtung des Cellulosenetzes, die dadurch zu erklären ist, daß die Zersetzungsprodukte durch ihren Platzanspruch das Gel verdrängten [2, 4].

Diese Merkmale sind bei den Radialkapillaren nicht zu finden. Vor allem Gestalt und örtliche Anordnung stimmen nicht überein. Für den Fall gasförmiger Zersetzungsprodukte fällt es auch schwer, Gründe für das spitze Zulaufen der Kapillaren zum Fadenrand bis unmittelbar hinter die Membran zu finden. Wir haben niemals beobachten können, daß die Außenmembran an diesen Stellen jemals durchbrochen worden wäre, was ja bei gasförmigem Inhalt der Kapillaren durchaus zu erwarten ist [16]. Selbst bei Spinnbadtemperaturen von 63 °C konnte während der Fadenbildung niemals eine Gasentwicklung beobachtet werden, obwohl gerade unter diesen Bedingungen besonders viele Kapillaren entstehen (Bild 9c). Die lichtmikroskopische Kontrolle von Fäden, deren Spinnprozeß durch eine starke Gasentwicklung gekennzeichnet war, erbrachte wiederum keine Radialkapillaren, wohl aber Gasblasen im Innern der Fäden und Membranaufbrüche, durch die das Gas entwichen ist (Bild 11).

Diese Beobachtungen, zusammen mit dem Versuchsergebnis, daß die Kapillaren unmittelbar mit dem durch Entmischung entstandenen Hohlraumsystem verbunden sind, lassen gasförmige Zersetzungsprodukte als Ursache für die Kapillarbildung unwahrscheinlich erscheinen. Vielmehr weist alles auf einen speziellen Entmischungsmechanismus hin.

Vergleicht man nämlich Gestalt und Anordnung der Radialkapillaren bei Viskosefäden (Bild 7) mit denen an Polyacrylnitrilfäden [12 bis 14, 17], so findet man fast eine vollkommene Übereinstimmung. Die Entstehung der Kapillaren beim Polyacrylnitril — eine Gasbildung ist ausgeschlossen — wurde aber eindeutig auf eine Entmischung zurückgeführt [12 bis 14, 17, 18]. Die Kapillaren nehmen dabei in größeren Entmischungstropfen ihren Ausgang, die sich hinter der zuerst entstandenen Außenmembran bilden. In diesen Tropfen ist der Stofftransport begünstigt. Während der weiteren Entmischung findet nun vor der Kapillare durch Kontraktion der Polymerphase im sogenannten Vorzonengel eine Umverteilung von Polymerphase und Entmischungsflüssigkeit statt. Dadurch wachsen die Kapillaren der Entmischungsfront des umgebenden Gels voran radial in den Faden.

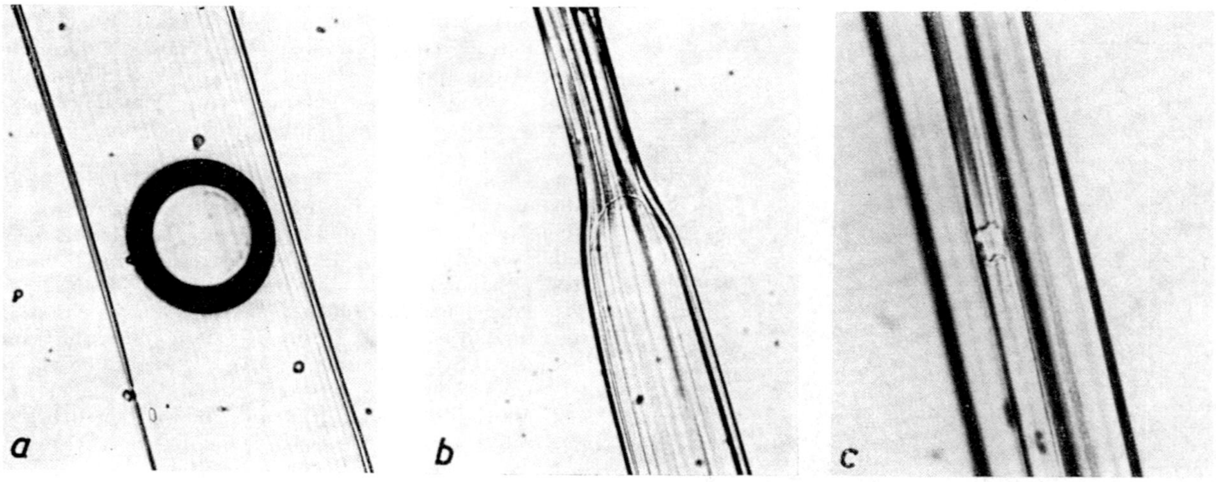

Bild 11. Lichtmikroskopische Aufnahmen feuchter, dem Spinnbad (1 n H_2SO_4/2 n Na_2SO_4/0,3 n $ZnSO_4$/45 °C) entnommener Fäden
a) Gasblase im Faden, Vergrößerung 480:1 — b) Übergang zwischen der ehemals gashaltigen Zone und einem Gebiet ohne Hohlraum, Vergrößerung 240:1 — c) Gasaustrittsöffnung an der Fadenperipherie, Vergrößerung 480:1

Weiterhin entstehen kapillare Röhren während der ionotropen Gelbildung beim Eindiffundieren bestimmter Ionen in Lösungen von Polyelektrolyten z. B. Alginaten und Eiweißen [19]. Ihr Entstehungsmechanismus wird folgendermaßen gesehen [19]: beim ersten Kontakt von Elektrolytlösung und Polyelektrolytsol entsteht eine Primärmembran. Dahinter beginnt eine tropfige Entmischung. Durch Zusammenfließen bilden sich im weiteren Verlauf größere Tropfen aus, die dann von der Diffusionsfront geschoben, dem entstehenden Gel die kapillaren Röhren aufprägen.

Wie wir in ausführlichen Untersuchungen bewiesen, unterliegt auch der Polyelektrolyt Natriumcellulosexanthogenat in seinen verdünnten wäßrigen Lösungen der ionotropen Gelbildung [8 bis 11, 18]. Es wurde in diesen Untersuchungen auch gezeigt, daß die Zersetzungsreaktionen an der Entstehung der Radialkapillaren unbeteiligt sind. Während der ionotropen Gelbildung, die durch Salzlösungen erfolgt, findet keine Zersetzung des Cellulosexanthogenates statt. Sogar eine nachträgliche Überführung des Gels in Regeneratcellulose durch verdünnte Schwefelsäure verursacht keine Veränderungen an der Organisationsform des Gels, d. h., die kapillaren Röhren bleiben erhalten [18].

Nachdem nun die Entmischung in Analogie zu den angeführten Untersuchungen als alleinige Ursache für die Kapillarbildung beim Viskosespinnprozeß angenommen werden kann, wollen wir auch den Entstehungsmechanismus der Kapillaren erörtern. Eigene Untersuchungen zu diesem Problem an Viskosefäden liegen nicht vor. Wir können jedoch aus den Versuchen zur ionotropen Gelbildung [8 bis 11, 18, 19], der Gelbildung beim Polyacrylnitril [12 bis 14, 17] und den hier diskutierten Beobachtungen einen wahrscheinlichen Mechanismus ableiten.

Zunächst sei bemerkt, daß Viskose eine Lösung darstellt, in der der Polyelektrolytcharakter wegen der hohen Konzentration an Natriumcellulosexanthogenat und Elektrolyten (Natronlauge, Nebenprodukte) weitgehend unterdrückt ist [20]. Außerdem sind Schwefelsäure und Natriumsulfat Elektrolyte, die bei Polyelektrolyten keine Ionotropie auslösen [18, 19]. Aber nur in Gegenwart von Schwefelsäure werden beim Viskosespinnprozeß Radialkapillaren gebildet (Probe *F*, *I*, *K* usw.). Wir nehmen deshalb an, daß die Ionotropie für die Entstehung von Radialkapillaren in Viskosefäden nicht zutrifft. Vielmehr kann man gewisse Vorstellungen aus dem Mechanismus beim Polyacrylnitril-Spinnprozeß entlehnen.

Beim ersten Kontakt des Viskosesols mit dem säurehaltigen Spinnbad entsteht eine sehr dichte Außenmembran — eine Voraussetzung für den Kapillarstart (*M* in Bild 12). Hinter der Membran beginnt die Gelbildung durch Entmischung. Durch die starke Kontraktion der Primärmembran, die aus der praktisch momentanen Ausfällung von Hydratcellulose durch Schwefelsäure herrührt, erscheinen im Vorzonengel an bestimmten Stellen größere Tropfen, in denen der Stofftransport begünstigt ist. Durch die schnellere Erneuerung der Säure im Entmischungstropfen eilt die Entmischungsfront an dieser Stelle etwas voran, wodurch die Kapillarbildung beginnt. Das Vorzonengel (*Vg*) und das die Kapillare umgebende Gel (*Gs*) schrumpfen quer zur Wachstumsrichtung der Kapillare (S_Q). Gleichzeitig schrumpft, verstärkt durch die beginnende Zersetzung des Cellulosexanthogenates, das bereits gebildete und hinter der Wachstumsfront der Kapillare befindliche Gel (S_M). Dadurch wirkt ein Zug in Richtung zur Primärmembran hin, dem auch die Kapillarwandungen unterliegen. Diese senkrecht (S_Q) und entgegengesetzt (S_M) zur Wachstumsrichtung der Kapillare wirkende Schrumpfung wird die Kapillarwandungen immer mehr voneinander entfernen. Vor der Kapillare befindet sich ein flexibles Vorzonengel. Es wird aufrechterhalten, solange Natronlauge aus der Viskose der Schwefelsäure in der Kapillare entgegendiffundiert. Eine bevorzugte Gelbildung erfolgt in einem engen Grenzgebiet zwischen Kapillare und gradlinig auf die Kapillare verlängertem Vorzonengel der Umgebung (Gebiet in den gestrichelten Kreisen). Hier

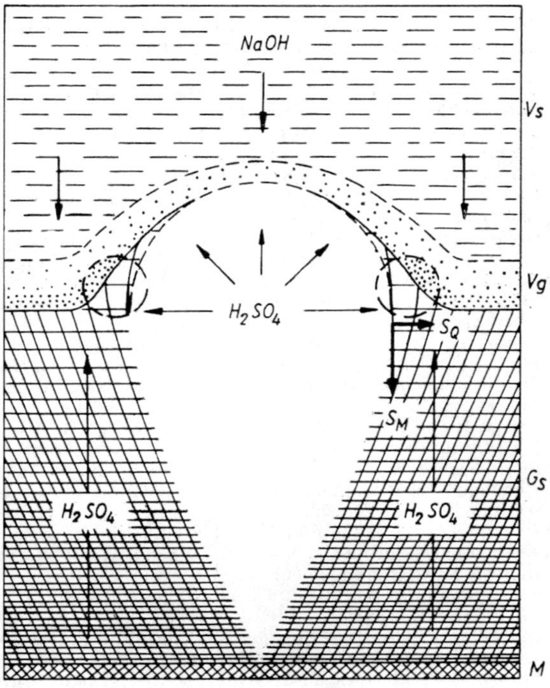

Bild 12. Schematische Darstellung des Kapillarwachstums. *Vs* = Viskosesol, *Vg* = Vorzonengel, *Gs* = schrumpfendes Gel, *M* = Membran, S_Q = Querschrumpfung, S_M = Schrumpfung in Richtung der Membran

schiebt sich, hervorgerufen durch die von zwei Seiten eindiffundierende Schwefelsäure, die Gelphase weiter voran, so wie es in Bild 12 schematisch dargestellt ist. Da diese Gelphase mit dem bereits gebildeten Gel direkt verbunden ist, wird sie aber durch dessen Schrumpfung aus der Frontzone der Kapillare entfernt. Das flexible Vorzonengel vor der Kapillare gibt nach. Durch diesen Vorgang wird ständig Material seitlich abtransportiert. An die Stelle des zurückweichenden Gels tritt freiwerdende Entmischungsflüssigkeit, d. h., die Kapillare wächst. Dieses Kapillarwachstum endet, wenn die Flexibilität des vor der Kapillare befindlichen Vorzonengels oder die bevorzugte Gelbildung im aktiven Zentrum (gestrichelte Kreise in Bild 12) nachlassen. Dafür kann man mehrere Ursachen in Betracht ziehen, z. B. partielle Verarmung an Alkali vor der Kapillare, Eigenkoagulation der Viskose, räumliche Begrenzung, Verminderung des Angebotes an Schwefelsäure durch Querdiffusion usw.

Die Erhöhung der Anzahl der Kapillaren mit der Temperatur weist darauf hin, daß häufiger aussichtsreiche Zentren für einen Kapillarstart entstehen. Demzufolge müssen wir mit Erhöhung der Temperatur veränderte Kontraktions- und Entmischungsverhältnisse an der Membran annehmen. Vor allem muß aber bedacht werden, daß bei höherer Temperatur die Viskosität der Viskose bedeutend geringer ist, wodurch Platzwechselvorgängen weniger Widerstand erwächst. Unter diesen Bedingungen werden sonst weniger aussichtsreiche Entmischungstropfen zu Startpunkten von Kapillaren.

Zum Abschluß dieser Ausführungen sei nochmals darauf hingewiesen, daß wir hier einen hochgequollenen Zustand der Celluloseregeneratfäden darstellen, den diese nach Koagulation und Regeneration besitzen. Trocknet man diese Fäden normal an der Luft, so kollabiert die Netzstruktur unter starker Schrumpfung. In diesen Fäden bleibt dann nur noch ein Mikrohohlraumsystem zurück [2, 16]. Wir sind jedoch der Auffassung, daß die durch Koagulation gebildeten Gelstrukturen ihren Einfluß auch auf die Anordnung der Strukturelemente in den normal getrockneten Fäden bewahren und hier zu den allgemein bekannten Veränderungen der Eigenschaften durch Variation der Spinnumstände entscheidend beitragen.

Auch die Radialkapillaren kollabieren größtenteils während einer normalen Trocknung. An lichtmikroskopischen Querschnitten stellten wir fest, daß dadurch die vorher runde bis ovale Querschnittsform der gequollenen Fäden in einen gelappten der trockenen übergeht. Dieser Vorgang kann als eine der Ursachen für die Entstehung gelappter Fadenquerschnitte beim Viskosespinnprozeß in zinkfreie Spinnbäder angesehen werden.

4. *Zusammenfassung*

Die Koagulation von Viskose durch bestimmte Spinnbäder aus H_2SO_4 und Na_2SO_4 erzeugt drei charakteristische Merkmale in der Morphologie der Celluloseregeneratgelfäden:

1. Durch die direkte Wirkung der H_2SO_4 wird eine stabile Außenmembran ausgefällt, deren Stärke und Packungsdichte von der H^+-Ionenaktivität des Spinnbades, dem Na_2SO_4-Gehalt, dem Verzug und der Temperatur abhängt. Die Membran beeinflußt das Diffusionsgeschehen in den koagulierenden Faden und damit dessen Strukturausbildung.
2. Im Anschluß an die Membran entsteht das bekannte [3] lockere Raumnetz der Cellulosestrukturelemente. Seine Entstehung wird auf partielle Entmischungsvorgänge zurückgeführt, die durch die eindiffundierende H_2SO_4 ausgelöst werden (Entzug von NaOH aus dem Lösungssystem).
3. Während der Koagulation werden in den Fäden Radialkapillaren ausgebildet. Ihre Startpunkte liegen in der Nähe der Außenmembran, von denen aus sie sich unter ständiger Erweiterung radial in das Gel vorschieben. Ihre Entstehung wird anhand der Entmischung diskutiert und ein Mechanismus vorgeschlagen.

Beim Trocknungsvorgang kollabieren sowohl die Netzstruktur als auch die Kapillaren weitgehend, und es entstehen dichtgepackte Cellulosefäden mit Mikrohohlräumen.

5. *Literatur*

[1] *Gröbe, A.*, und *Gensrich, H. J.:* Elektronenmikroskopische Untersuchungen an Ultradünnschnitten von Celluloseregeneratfäden. Teil I. Präparationsmethoden. Faserforsch. u. Textiltechnik **20** (1969) 3, S. 118–124.

[2] *Gensrich, H. J.*, und *Gröbe, A.:* Elektronenmikroskopische Untersuchungen an Ultradünnschnitten von Celluloseregeneratfäden. Teil II. Die Struktur von Gelfäden, koaguliert in Ammoniumsulfatlösungen. Faserforsch. u. Textiltechnik **20** (1969) 9, S. 425–433.

[3] *Gröbe, A.*, und *Gensrich, H. J.:* Elektronenmikroskopische Untersuchungen an Ultradünnschnitten von Celluloseregeneratfäden. Teil III. Die Struktur von Gelfäden unter variierten Fäll- und Spinnbedingungen. Faserforsch. u. Textiltechnik **21** (1970) 2, S. 67–77.

[4] *Coalson, R. L., Day, A.*, und *Marchessault, R. H.*: The structure of cellulose gels by light scattering and thin section electron microscopy. Holzforschung **22** (1969) 6, S. 190—198.

[5] *Grams, W.*, und *Warzywoda, J.*: Untersuchungen über die Diffusion des Wasserstoffions in Viskose. Teil II. Der Einfluß der Parameter des Koagulationsbades auf die Diffusion des Wasserstoffions. Polimery, Warszawa **12** (1967) 3, S. 106—109.

[6] *Rogovin, Z. A.*: Grundlagen der Chemie und Technologie von Chemiefaserstoffen. Moskau/Leningrad: Chimija 1964, Bd. I, S. 389.

[7] *Nakai, Akiyoshi:* Über die Bestimmung der Kristallinität von Cellulosefasern, deren Bindungsstrukturen sich noch nicht im stabilen Zustand befinden. J. Soc. Textile Cellulose Ind., Japan **15** (1959) S. 13—15.

[8] *Gröbe, A., Klare, H., Maron, R., Jost, H., Purz, H.-J., Gensrich, H. J.*, und *Paul, D.*: Möglichkeiten der Strukturbildung von Celluloseregeneratfasern. Abh. dt. Akad. Wiss. Berlin, Kl. Chemie, Geologie, Biologie (1965) 3, S. 133—140.

[9] *Gröbe, A., Purz, H.-J.*, und *Maron, R.*: Ordnungsvorgänge bei der Gelbildung aus Cellulosexanthogenatsolen. J. Polymer Sci., C: Polymer Symposia (1967) 16 (5), S. 3047—3057.

[10] *Purz, H.-J.*, und *Gröbe, A.*: Mikroskopische Untersuchungen zur Struktur von Celluloseregeneratgelen. Teil I. Geordnete Gelbildung durch zentrifugale Diffusion von Elektrolyten. Faserforsch. u. Textiltechnik **19** (1968) 10, S. 460—467.

[11] *Purz, H.-J.*, und *Gröbe, A.*: Mikroskopische Untersuchungen zur Struktur von Cellulosexanthogenatgelen. Teil II. Gelstruktur durch zentripetale Diffusion von Elektrolyten. Faserforsch. u. Textiltechnik **20** (1969) 5, S. 219—224.

[12] *Gröbe, V., Mann, G.*, und *Duwe, G.*: Ausbildung von Strukturen bei der Koagulation der Polyacrylnitrillösungen. Faserforsch. u. Textiltechnik **17** (1966) 4, S. 142—147.

[13] *Mann, G.*, und *Gröbe, V.*: Über die Strukturbildung beim Naßspinnen von Polyacrylnitrillösungen. Faserforsch. u. Textiltechnik **17** (1966) S. 315—322.
Mann, G., und *Gröbe, A.*: Koagulationsstudien an verdünnten Natriumcellulosexanthogenatlösungen. Faserforsch. u. Textiltechnik **13** (1962) S. 347—352.
Mann, G.: Über die Koagulation von Natriumcellulosexanthogenatlösungen unter besonderer Berücksichtigung der Viskosemodifikatoren. Dissertation Universität Rostock 1962.

[14] *Gröbe, V.*, und *Mann, G.*: Strukturbildung beim Spinnen von Polyacrylnitrillösungen in wäßrige Fällbäder. Faserforsch. u. Textiltechnik **19** (1968) S. 50—55.

[15] *Stauff, J.*: Kolloidchemie. Berlin/Göttingen/Heidelberg: Springer 1960.

[16] *Gröbe, A., Paul, D., Purz, H.-J., Bartsch, D., Gensrich, H. J., Hicke, H. G., Ludwig, J.*, und *Buschatz, H.*: Strukturuntersuchungen an Celluloseregeneratfasern. Lenzinger Ber., Lenzing/Österr. (1969) 28, S. 31—48.

[17] *Mann, G., Gröbe, V., Purz, H.-J.*, und *Gröbe, A.*: Über die Bildungsweise der beim Verspinnen von Polyacrylnitril-Lösungen unter bestimmten Bedingungen entstehenden Radialkapillaren. Fasserforsch. u. Textiltechnik **15** (1964) S. 179.

[18] *Purz, H.-J.*: Geordnete Gel- und Strukturbildung von Na-Cellulosexanthogenat durch Ionendiffusion. Ein Beitrag zum Bildungsmechanismus von Celluloseregeneratfäden. Dissertation Universität Leipzig 1966.

[19] *Thiele, H.*: Histolyse und Histogenese — Gewebe und ionotrope Gele — Prinzip einer Strukturbildung. Frankfurt am Main: Akad. Verlagsges. 1967.

[20] *Schurz, J.*, und *Schlor, M.*: Polyelektrolyteffekte und Viskositätsmessungen an verdünnten Lösungen von Natriumcellulosexanthogenat und von Modellsubstanzen. Cellulose Chem. Technol., Jassy/Rum. **1** (1967) S. 529—544.
Schurz, J., und *Schlor, M.*: Viskositätsmessungen an konzentrierten Lösungen von Polyelektrolyten. Cellulose Chem. Technol., Jassy/Rum. **2** (1968) S. 35—52.

Eingegangen am 19. Januar 1970

Die Benetzungswärme von Cellulose in Wasser und Methanol

A. Aboul-Seoud
Chemical Engineering Department, Faculty of Engineering, University of Alexandria, Alexandria, Egypt, UAR

DK 547.458.81:66.062.11:66.062.511:536.658.2

Die wahre Benetzungswärme von Cellulose in Wasser und Methanol wird versuchsweise aus der experimentell ermittelten „scheinbaren" Benetzungswärme und der latenten Verdampfungswärme dieser Flüssigkeiten sowie der Penetrationswärme berechnet. Aus der Ähnlichkeit der errechneten Werte wird geschlossen, daß die Benetzungswärmen sich zueinander wie die in der Cellulose gebundenen Flüssigkeitsmengen verhalten. Eine Betrachtung auf der Grundlage der Sublimationswärme führt zu ähnlichen Verhältnissen.

Теплота смачивания целлюлозы водой и метиловым спиртом

Исходя из экспериментально найденных значений „кажущейся" теплоты смачивания, скрытой теплоты испарения и теплоты диффузии сделана попытка расчета истинной теплоты смачивания целлюлозы водой и метиловым спиртом. На основании сходства расчетных значений сделан вывод, что величины теплоты смачивания упомянутыми жидкостями относятся друг к другу как связанные с целлюлозой количества этих жидкостей. Данные о теплоте сублимации дают аналогичную картину.

The heat of Wetting of Cellulose in Water and Methanol

An attempt is made to calculate the true heat of wetting in water and methanol on the basis of the apparent heat of wetting as determined experimentelly, the latent heat of evaporation and the heat of penetration. From the similarity of the values obtained it is concluded that the ratio of the heat of wetting is the same as that of the amounts of respective liquids bound in cellulose. Considerations including the heat of sublimation lead to similar results.

1. *Historisches*

Katz [1] führte Messungen der Quellungswärme von Cellulose, Holzfasern und anderen gelatinösen Substanzen in Wasser durch. Er verglich die Ergebnisse mit der Mischungswärme für Wasser mit Schwefelsäure, Phosphorsäure und Glycerin und kam zu der Schlußfolgerung, daß sich amorphe quellende Substanzen von Flüssigkeiten nur durch die Viskosität unterscheiden.

Rosenbohm [2] bestimmte die Quellungswärme einiger kolloidaler Substanzen in Wasser. Er zog den Schluß, daß sich die Quellung von Gelatine in zwei Stufen vollzieht, wobei in der ersten nur eine kleine Menge Wasser aufgenommen und die gesamte Benetzungswärme freigesetzt wird.

Knöevenagel [3] führte Messungen der Quellungswärme von Celluloseacetat in verschiedenen Mischungen von Äthylalkohol, Benzol und Nitrobenzol durch. Er betrachtete seine Ergebnisse als Bestätigung einer Vorstellung der stöchiometrisch definierten Solvatbildung.

Chilikin [4] bestimmte die Benetzungswärme von mercerisierter und unmercerisierter Baumwolle in Wasser und einer 50%igen Äthylalkohollösung.

Sheppard und *Newsome* [5] ermittelten die Benetzungswärme eines acetonlöslichen Acetats in einigen Alkoholen, Benzol und verschiedenen anderen Flüssigkeiten. Sie fanden keinen Beweis für die Bildung einer Verbindung zwischen Festkörper und Flüssigkeit.

Argue und *Maass* [6] bestimmten den Einfluß des Anfangswassergehaltes der Cellulose auf die Benetzungswärme.

Stamm und *Loughborough* [7] fanden, daß zwischen dem thermischen Verhalten des Systems Cellulose/Wasser und dem des Systems Schwefelsäure/Wasser oder Phosphorsäure/Wasser eine erstaunliche Analogie vorliegt.

Lauer u. a. [8] verglichen die Reaktionswärme bei der Bildung des Monohydrates der β-Glucose mit der bei Sorption von Wasser durch trockene Cellulose entwickelten Wärme.

Wahba [9] führte Messungen der Benetzungswärme von Cellulose in Wasser und verschiedenen organischen Flüssigkeiten durch und verglich die erhaltenen Werte mit den durch Integration der Sorptionsisothermen berechneten entsprechenden Dekrementen der freien Energie bei Sättigung.

Rees [10] bestimmte die Benetzungswärme einiger Cellulosesubstanzen und berechnete die Werte für die Feuchtigkeitsaufnahme Null.

Guthrie [11] erweiterte die Untersuchungen von *Rees* und bestimmte die Werte der differentialen und integralen Sorptionswärme der meisten Cellulosefaserstoffe.

Inoyatov, Khakimov und *Usmanov* [12] berechneten die thermodynamischen Funktionen ΔF, ΔH und ΔS für Celluloseproben bei verschiedenen Feuchtigkeitswerten.

Balcerzyk, Boivinet, Calvet und *Hempel* [13] untersuchten die Benetzungskinetik von Cellulosefaserstoffen durch H_2O und MeOH. Es wurde eine Beziehung zwischen der Benetzungswärme und der Zugänglichkeit der den amorphen Bereichen entsprechenden freien Hydroxylgruppen der Cellulose gefunden.

Später [14] führten sie Messungen der Benetzungswärme von fünf verschiedenen Viskoseproben in MeOH bei einer relativen Feuchtigkeit von 0% H_2O durch. Mit zunehmender Feuchtigkeit tritt ein entgegengerichteter endothermer Effekt auf, der bei etwa 11% H_2O sein Maximum erreicht, dann abnimmt und bei etwa 18% H_2O verschwindet.

In früheren Veröffentlichungen wurde der nichtlösliche Alkohol bestimmt [15] und die Alkaliaufnahme aus methanolischen NaOH-Lösungen wurde untersucht [16]. Hier wird ein Versuch unternommen, die früheren Untersuchungen auf die Messung der Benetzungswärme von verschiedenen Cellulosesubstanzen in H_2O, die Berechnung der wahren Benetzungswärme von Standardcellulose in Wasser und Methanol und einen Vergleich dieser Werte untereinander sowie mit dem nichtlöslichen Wasser und Methanol auszudehnen.

2. *Experimentelles*

2.1. *Cellulosesubstanzen*

Standardcellulose wurde aus ägyptischer Baumwolle nach der von *Corey* und *Gray* [17] modifizierten Methode der Cellulose Division of the American Chemical Society hergestellt.

Mercerisierte Cellulose wurde aus Standardcellulose durch Behandlung mit 18%iger Natronlauge (Masse%) während 30 min erhalten. Die Lauge wurde dann abgegossen und die Cellulose sofort in einen *Buchner*-Trichter gebracht, in dem das überschüssige Alkali abgepreßt wurde. Dann wurde mehrmals mit Wasser gewaschen, bis die Substanz nur sehr schwach alkalisch war, woraufhin mit 1%iger Essigsäure und dann zehnmal mit destilliertem Wasser gewaschen wurde.

Das überschüssige Wasser wurde von der Baumwolle abgepreßt, und die Probe wurde luftgetrocknet, bis sie schließlich zur Aufbewahrung in eine Flasche gebracht wurde.

Chirurgische Baumwolle. Es wurde eine Probe des Produktes der Misr Co gewählt, das unter der Bezeichnung „Coton hydrophile" in den Handel kommt. Dabei handelt es sich um ägyptische Rohbaumwolle, die einer Bleichbehandlung mittels einer Seifenlösung und Bleichmittel unterworfen und dann mit Wasser gewaschen und getrocknet wurde.

Holzzellstoffe amerikanischer, deutscher und schwedischer Herkunft.

2.2. *Apparatur und Verfahren*

Es wurde ein übliches *Dewar*-Gefäß mit *Beckmann*-Thermometer [18] benutzt. Für jede Cellulosesubstanz wurden fünf Messungen durchgeführt, und die Mittelwerte sowie die prozentuale Abweichung vom Mittelwert wurden berechnet.

2.3. *Experimentelle Ergebnisse*

Die experimentellen Ergebnisse sind in der Tabelle 1 zusammengefaßt.

3. *Diskussion und Schlußfolgerungen*

Die Anwendung der Theorie der Wasserstoffbindung auf Cellulose wurde zuerst von *Huggins* [19] vorgeschlagen, der annahm, daß viele Eigenschaften organischer Stoffe, die in unbestimmter Weise *van der Waals*schen Kräften, Sekundärvalenzen, der Polarität oder sterischen Hinderung usw. zugeordnet wurden, in Wirklichkeit durch Wasserstoffbrücken verursacht werden.

Der Beweis für das Auftreten von Wasserstoffbrücken wird vornehmlich aus IR-Spektren hergeleitet. In ihnen kommt jede Änderung der Schwingungsfrequenzen von Wasserstoffatomen zum Ausdruck, wie sie z. B. auftreten würden, wenn ein Wasserstoffatom mit anderen Atomen der Struktur eine Bindung eingeht. *Ellis* und

Tabelle 1. Benetzungswärme von verschiedenen Cellulosematerialien in Wasser

Cellulosematerial	Benetzungswärme cal/g	Mittlere Abweichung vom Mittel %
Standardcellulose	10,7	3,3
Mercerisierte Cellulose	15,93	2,6
Standardcellulose, zweimal mercerisiert	15,46	2,3
Chirurgische Baumwolle „Misr Co"	12,25	6,6
Amerikanischer Holzzellstoff	14,40	0,97
Deutscher Holzzellstoff	14,51	3,8
Schwedischer Holzzellstoff	14,14	1,7
Amerikanischer Holzzellstoff, mercerisiert	15,58	2,4
Deutscher Holzzellstoff, mercerisiert	15,39	2,8
Schwedischer Holzzellstoff, mercerisiert	15,81	1,9
Deutscher Holzzellstoff, zerfasert und mercerisiert	16,91	2
Standardcellulose (Methanol)	7,6	1,8

Bath [20] bestimmten das IR-Absorptionsspektrum von Cellulose und kamen zu der Schlußfolgerung, daß alle — oder praktisch alle — Hydroxylgruppen in Wasserstoffbindungen einbezogen sind. Es würde mit der heterogenen Struktur der Cellulosefasern in Übereinstimmung stehen, daß die Störung der Hydroxylgruppen Wasserstoffbrücken mit unterschiedlichen Abständen und unterschiedlichen Bindungswinkeln zwischen diesen Gruppen und ihren Celluloseketten entspricht.

Mark [21] lenkte die Aufmerksamkeit auf die Erscheinung, daß die Wasserstoffbrücken auf einen gewissen Bereich der Cellulosestruktur beschränkt sind, nämlich auf die Gruppen längs der a-Achse in der $a-b$-Ebene der Elementarzelle. Hier liegen die Glucoseeinheiten recht nahe beeinander, wobei der Abstand zwischen den Zentren der beiden am nächsten nebeneinanderliegenden Sauerstoffatome zweier solcher Einheiten etwa 2,5 Å beträgt. Dies ist beträchtlich näher als der Abstand zwischen den durch *van der Waals*sche Kräfte zusammengehaltenen Gruppierungen (3,0 Å). Man ist daher berechtigt anzunehmen, daß die in der $a-b$-Ebene wirksamen Kräfte stärker sind als *van der Waals*sche Kräfte. In Kalorien pro Mol ausgedrückt, beträgt die Stärke der Wasserstoffbindung 15000, während die Energie der *van der Waals*schen Kräfte nur 8000 Kalorien entsprechen würde. Von den *van der Waals*schen Kräften wird angenommen, daß sie längs der c-Achse wirksam sind, wo der kürzeste Abstand zwischen den Hydroxylgruppen paralleler Ketten sogar 3,8 Å beträgt. Die stärksten Kräfte sind natürlich die Primärvalenzkräfte längs der b-Achse, die einer Energie von 50000 cal/mol entsprechen.

Andererseits schreibt *Pauling* [22] der Stärke der H-Bindung 4500 cal/mol und derjenigen der *van der Waals*schen Kräfte 5000 cal/mol zu. Nach dieser Auffassung ist die H-Bindung schwächer als die *van der Waals*schen Kräfte und könnte durch die in Cellulose eindringenden Wassermoleküle leichter aufgebrochen werden.

Es ist nicht schwer einzusehen, daß die Werte der Benetzungswärme nicht wirkliche Werte darstellen, sondern eher als scheinbare Werte zu betrachten sind. Ein Teil der freigesetzten Wärme wird verbraucht, um die Bindungen mit der Cellulose eingehenden Flüssigkeitsmoleküle der flüssigen Phase zu entziehen. Dieser Teil ist natürlich der Verdampfungswärme der betrachteten Flüssigkeit äquivalent. Ein anderer Teil wird zum Aufbrechen der Bindungen zwischen den OH-Gruppen benötigt, um den Flüssigkeitsmolekülen das Eindringen in die Cellulose zu ermöglichen. Dieser Teil kann als Penetrationswärme bezeichnet werden.

Es soll nun versucht werden, die wahre Benetzungswärme in Wasser und in Methylalkohol unter Berücksichtigung der experimentellen „scheinbaren" Benetzungswärme und der latenten Verdampfungswärme dieser Flüssigkeiten zu berechnen. Die Penetrationswärme wird den schwächsten der zwischen den Cellulosemolekülen wirksamen Kräften, nämlich den *van der Walls*schen Kräften nach *Mark* und der Wasserstoffbindung nach *Pauling* gleichgesetzt werden.

Latente Verdampfungswärme von H_2O

$= 595$ cal/g

$= 10,71$ kcal/mol,

Latente Verdampfungswärme von MeOH
= 263 cal/g
= 8,42 kcal/mol,

Scheinbare Benetzungswärme von Cellulose in Wasser
= 10,7 cal/g
= 1,733 kcal/C_6
= 3,466 kcal/C_6/H_2O.

Scheinbare Benetzungswärme von Cellulose in MeOH
= 7,6 cal/g
= 1,232 kcal/C_6
= 6,160 kcal/C_6/MeOH.

Somit ist nach *Mark* die wahre Benetzungswärme von Standardcellulose in Wasser
= 3,466 + 10,710 + 8,000 = 22,176 kcal/C_6/H_2O
und die wahre Benetzungswärme von Standardcellulose in Methanol
= 6,160 + 8,420 + 8,000 = 22,580 kcal/C_6/MeOH.

Andererseits ist nach *Pauling* die wahre Benetzungswärme von Standardcellulose in Wasser
= 3,466 + 10,710 + 4,500 = 18,676 kcal/C_6/H_2O
und die wahre Benetzungswärme von Standardcellulose in Methanol
= 6,160 + 8,420 + 4,500 = 19,080 kcal/C_6/MeOH.

Wendet man dieselbe mathematische Behandlung für die Benetzungswärme von mercerisierter Cellulose in Wasser an, ergibt sich:

Scheinbare Benetzungswärme von mercerisierter Cellulose in Wasser
= 15,93 cal/g
= 2,58 kcal/C_6
= 3,44 kcal/C_6/H_2O.

Wahre Benetzungswärme von mercerisierter Cellulose in Wasser
= 3,440 + 10,710 + 8,000 (*Mark*) = 22,150 kcal/C_6/H_2O
= 3,440 + 10,710 + 4,500 (*Pauling*) = 18,650 kcal/C_6/H_2O.

Zusammenfassend ergeben die obigen Werte

	nach *Mark*	nach *Pauling*
Wahre Benetzungswärme von nativer Cellulose in H_2O	22,176	18,676
Wahre Benetzungswärme von nativer Cellulose in MeOH	22,580	19,080
Wahre Benetzungswärme von mercerisierter Cellulose in H_2O	22,150	18,650

Da die Werte der wahren Benetzungswärme von nativer und mercerisierter Cellulose in H_2O und von nativer Cellulose in MeOH, die pro Mol der Flüssigkeiten berechnet wurden, nahe beeinander liegen, ist die Schlußfolgerung erlaubt, daß infolge der gleichen Benetzungswärme pro Mol der Flüssigkeiten diese Werte im gleichen Verhältnis stehen sollten wie die tatsächlich im Cellulosematerial gebundenen Mengen der Flüssigkeiten, nämlich im Verhältnis 0,5:0,2:0,75 für native Cellulose in Wasser bzw. in Methanol und für mercerisierte Cellulose in Wasser.

Das Problem kann auch auf einer anderen Grundlage betrachtet werden, nämlich auf der Grundlage der Sublimationswärme. Die Sublimationswärme von Eis ist 12,2 kcal/mol; etwa ein Viertel davon kann gewöhnlich vorliegenden *van der Waals*schen Kräften zugeschrieben werden. Der Rest, also 9 kcal/mol, entspricht dem Aufbrechen von Wasserstoffbindungen. Die Sublimationswärme von Methanol ist 9,8 kcal/mol. Nach Korrektur durch Subtraktion des geschätzten Wertes von 3,5 für die *van der Waals*sche Energie ergibt sich 6,3 kcal/mol. Daraus ergibt sich eine Differenz von 2,7 kcal/mol zwischen den korrigierten Werten der Sublimationswärme von Eis und Methanol.

Nun ist die Differenz zwischen den Werten der Benetzungswärme von Cellulose in Methanol und Wasser pro Glucoseeinheit und Mol der entsprechenden Flüssigkeiten 2,694, wenn man berücksichtigt, daß 0,2 mol H_2O und 0,5 mol MeOH durch die Cellulose gebunden sind:

die Benetzungswärme von Cellulose in MeOH
= 6,160 kcal/C_6/MeOH,
die Benetzungswärme von Cellulose in H_2O
= 3,466 kcal/C_6/H_2O,
und die Differenz = 2,694.

Dies steht in erstaunlich guter Übereinstimmung mit dem Wert von 2,7, also der Differenz der Sublimationswärme.

Wenn die Reaktion von mercerisierter Cellulose mit Methanol von denselben Gesetzen beherrscht wird wie die Reaktion mit Wasser — und es gibt keinen Grund, weshalb das nicht so sein sollte — und weil nach *Morrison, Campbell* und *Maass* [23] die Benetzungswärme von mercerisierter Cellulose in Methanol 1,8mal so groß wie die von nativer Cellulose im gleichen Benetzungsmedium ist, so kann man auch erwarten, daß sich die durch mercerisierte Cellulose gebundene Methanolmenge auf 0,36 Masse% beläuft. Gegenwärtig werden Versuche durchgeführt, um diese Annahme auf ihre Richtigkeit zu überprüfen. Ferner wird versucht, eine Korrelation zwischen den Werten der Benetzungswärme von verschiedenen Holzzellstoffen zu finden und die mathematische Behandlung zur Berechnung der wahren Benetzungswärme von mercerisierter Cellulose in MeOH anzuwenden.

Zusammenfassung

Es wurde versucht, die wahre Benetzungswärme von Cellulose in Wasser und Methanol durch Anwendung der experimentellen „scheinbaren" Benetzungswärme und der latenten Verdampfungswärme dieser Flüssigkeiten zu berechnen. Die Penetrationswärme wurde den schwächsten Kräften gleichgesetzt, die zwischen den Cellulosemolekülen wirksam sind, nämlich den *van der Waals*schen Kräften nach *Mark* und der Wasserstoffbindung nach *Pauling*. Aus der Ähnlichkeit der wahren Benetzungswärme von nativer und mercerisierter Cellulose in Wasser sowie von nativer Cellulose in Methanol wird geschlossen, daß die Werte der Benetzungswärme zueinander in dem gleichen Verhältnis stehen wie die in der Cellulosesubstanz gebundenen tatsächlichen Flüssigkeitsmengen. Der Unterschied der Benetzungswärme von Cellulose in Methanol und Wasser entspricht dem Unterschied zwischen den korrigierten Werten der Sublimationswärme von Methanol und Eis.

Literatur

[1] *Katz, J. R.:* Proc. Acad. Sci. Amsterdam **13** (1911) S. 958, 975.
[2] *Rosenbohm, E.:* Über die Wärmeentwicklung bei der Quellung von Kolloiden. Kolloidchem. Beih. **6** (1914) S. 177—200.

[3] *Knöevenagel, E.:* The nature of swelling processes. VI. Swelling and distribution of acetyl cellulose in organic media. Kolloidchem. Beih. **16** (1922) S. 180—214; VII. Molar relations for swelling and heats of swelling. Kolloidchem. Beih. **17** (1922) S. 51—71.

[4] *Chilikin, M. M.:* The heat of adsorption of sodium hydroxide by the cellulose and the heat of mercerization. Ž. prikl. Chimii (Z. angew. Chemie) **3** (1930) S. 221—230.

[5] *Sheppard, S. E.*, and *Newsome, P. T.:* Heats of wetting of cellulose acetate by aliphatic alcohols and aromatic hydrocarbons. J. physic. Chem. **37** (1933) S. 389—395.

[6] *Argue, G. H.*, und *Maass, O.:* Measurements of the heats of wetting of cellulose and wood pulp. Canad. J. Res. **12** (1935) S. 564—574.

[7] *Stamm, A. J.*, und *Loughborough, W. K.:* Thermodynamics of the swelling of wood. J. physic. Chem. **39** (1935) S. 121—123.

[8] *Lauer, K.*, *Döderlein, R.*, *Jäckel, C.*, und *Wilde, O.:* Cellulose fibers. I. The system fiber—water. J. Makromol. Chemie **1** (1943) S. 76—96.

[9] *Wahba, M.:* Moisture relationships of cellulose. I. The heat of wetting in water and in certain organic liquids. J. physic. and Colloid Chem. **52** (1948) S. 1197—1208.

[10] *Rees, W. H.:* Heat of absorption of water by cellulose. J. Textile Inst. **39** (1948) S. T351—T367.

[11] *Guthrie, J. C.:* The integral and differential heats of sorption of water by cellulose. J. Textile Inst. **40** (1949) S. T489—T504.

[12] *Inojatov, N. Š.*, *Chakimov, I. C.*, und *Usmanov, Ch. U.:* Die thermodynamische Funktion von Wasser und Methanol bei ihrer Sorption durch Baumwolle und Hydratcellulose. Usbek. chim. Ž. (1960) 6, S. 16—20.

[13] *Balcerzyk, E.*, *Boivienet, P.*, *Calvet, E.*, und *Hempel, K.:* Heat of wetting of cellulosic fibers in water and methanol. Compt. Rend. **256** (1963) S. 3674—3676.

[14] *Balcerzyk, E.*, *Boivienet, P.*, *Calvet, E.*, und *Hempel, K.:* Thermogenesis in cellulose materials by methanol wetting at various humidities. Compt. Rend. **256** (1963) S. 3851—3853.

[15] *Aboul-Seoud, A.:* The nondissolving alcohol. Makromol. Chemie **43** (1961) 1/2, S. 144—148.

[16] *Aboul-Seoud, A.:* Eine Untersuchung der Reaktion von Cellulose mit methanolischer Natriumhydroxidlösung. Faserforsch. u. Textiltechnik **19** (1968) S. 228 bis 230.

[17] *Corey, A. B.*, und *Gray, H. LeB.:* Notes on the preparation of standard cellulose. Ind. engng. Chem. **16** (1924) S. 853—854, 1130.

[18] *Aboul-Seoud, A.:* In Vorbereitung.

[19] *Huggins, M. L.:* Hydrogen bridges in organic compounds. J. org. Chem., Easton **1** (1936) S. 407—456.

[20] *Ellis, J. W.*, und *Bath, J. H.:* Hydrogen bridging in cellulose as shown by infrared absorption spectra. J. amer. chem. Soc. **62** (1940) S. 2859—2861.

[21] *Mark, H.:* X-ray investigations of carbohydrates. Chem. Rev. **26** (1940) S. 169—186.

[22] *Pauling, L.:* The Nature of the Chemical Bond and the Structure of Molecules and Crystals. 2nd Ed., Ithaca: Cornell University Press 1940.

[23] *Morrison, J. L.*, *Campell, W. B.*, and *Maass, O.:* The heats of adsorption and wetting of mercerized celluloses by sodium hydroxide solutions, water and methanol. Canad. J. Res. **18** B (1940) S. 168—179.

Eingegangen am 8. Oktober 1969

Versuche zum Alterungsverhalten ungereckter Polyesterseide

Hans Eberhard Seyfarth

175. Mitteilung aus dem Institut für Textiltechnologie der Chemiefasern, Rudolstadt-Schwarza
(Direktor: Dipl.-Ing. H. Bürger)

DK 677.494.674:677.494.021.5:677.017.426:677.019.391

Das Alterungsverhalten frisch ersponnener ungereckter Polyesterseide wird mit Hilfe verschiedener Methoden untersucht. Am günstigsten erscheint die zeitabhängige Aufnahme und Auswertung von Kraft-Dehnungs-Diagrammen. In den ersten Stunden nach dem Erspinnen tritt meist rasche Alterung ein, die nach ein bis zwei Tagen abgeschlossen ist und durch Tempern der frischen Seide bei 80 °C unter Spannung schon nach wenigen Minuten erreicht werden kann.

Исследования по старению невытянутого полиэфирного шелка

С помощью различных методов изучены изменения свойств свежесформованного невытянутого полиэфирного шелка при хранении. Наиболее подходящим для этой цели кажется кинетическая обработка кривых нагрузка-удлинение. В течение первых часов после формования, как правило, наблюдается быстрое старение, заканчивающееся при хранении в течение 24—28 часов. Тот же эффект может быть достигнут уже за несколько минут путем отжига свежего волокна под натяжением при 80 °C.

Investigations on the ageing of Undrawn Polyester Filaments

The ageing of freshly spun undrawn polyester filaments has been investigated by various methods. The most appropriate method appears to consist in recording and evaluating the time-dependence of the stress-strain diagram. The ageing process that starts in the first few hours after spinning and runs out only after one or two days can be reduced to only some minutes by annealing the freshly spun filaments when stressed at 80 °C.

1. Einführung

Polyesterseide (PE-S) wird bei dem heute noch üblichen diskontinuierlichen Herstellungsprozeß zwischen Erspinnen und Recken gelagert. Die Lagerzeiten schwanken zwischen 5 h und drei Tagen. Es ist bekannt, daß während der Lagerung Veränderungen eintreten, die Seidenqualität und Reckbarkeit beeinflussen und als Alterung bezeichnet werden; die Alterung verursacht eine Versprödung.

H. A. Stuart [1] führt die Versprödung amorpher makromolekularer Materialien beim Altern auf eine Änderung des übermolekularen Ordnungszustandes zurück. Durch schnelles Abkühlen der Schmelzen unter die jeweilige Glasumwandlungstemperatur vermögen einige Hochpolymere amorph zu erstarren, wobei die ungeordnete Struktur der Schmelze weitgehend erhalten bleibt. Nur langsam findet eine Annäherung an den neuen Gleichgewichtszustand statt: mit zunehmender Lagerzeit verbessert sich der Grad der Nahordnung der Kettenmoleküle, das Material altert. Ziel der vorliegenden Untersuchungen war es, Methoden zu finden, welche die Alterung ungereckter PE-S beschreiben.

2. *Methoden zur Bestimmung des Alterungsverhaltens*

In Vorversuchen wurden die Dichte, die Dielektrizitätskonstante bzw. der Verlustfaktor im dielektrischen Wechselfeld (100 kHz) und die Doppelbrechung an ungereckter PE-S (35 tex) in Abhängigkeit von der Lagerzeit verfolgt; dabei konnten wir keine alterungsbedingten Veränderungen nachweisen.

J. Skraga, A. Basiński, A. Czajkowski und *E. Milewicz-Dabek* [2] beschreiben einen Zusammenhang zwischen Doppelbrechung und Alterung. Nach Lagerzeiten zwischen zwei und sechzehn Tagen wurde die Doppelbrechung an *teilgereckter* PE-S bestimmt und eine Abnahme der Doppelbrechung mit der Lagerzeit gefunden. Wir konnten diese Ergebnisse bei gleichen Lagerzeiten, aber veränderten Reckbedingungen nicht bestätigen.

Wir arbeiteten im Normalklima mit einer Reckgeschwindigkeit von 600 mm/h gegenüber einer Recktemperatur von 80 bis 100 °C bei 64 mm/h in der zitierten Veröffentlichung.

Eine erste erfolgversprechende Möglichkeit zur Bestimmung des Alterungsverhaltens stand uns mit einem von *R. Schroth* [3] entwickelten ,,Katapultgerät" zur Verfügung. Diese einfache Anordnung gestattet es, ungereckte PE-S-Fäden mit verschiedener Geschwindigkeit zu recken. Zur Charakterisierung einer PE-S wird der Wert ermittelt, bei dem 5 von 10 PE-S-Fäden Kapillarbrüche aufweisen.

Versuchsanordnung und Versuchsdurchführung (vgl. Bild 1)

Eine Spiralfeder *1* ist auf einer mit cm-Einteilung versehenen Unterlage *2* im Punkt *3* befestigt. Die Halterung *4* für den Prüffaden *6* läuft in einer Schiene und ist entlang der Skala verschiebbar. Am oberen Ende *5* der Halterung *4* wird die Spiralfeder *1* so eingehängt, daß sie beim Lösen einer Arretierung zurückschnellt. Nach dem Einspannen des Fadens *6* in die Halterung wird entarretiert. Die Feder reißt den ungereckten Faden mit. Bei niedriger Federspannung wird der Faden gereckt, bei hoher Spannung tritt Fadenbruch ein. Ermittelt wird die Ausdehnung der Spiralfeder in cm, bei der ein Faden- bzw. Kapillarbruch mit 50% Wahrscheinlichkeit eintritt. Zur Bestimmung der charakteristischen Größe reichen meist je zehn Messungen bei zwei Einstellungen in der Nähe dieses Wertes aus. Daraus wird der gesuchte Wert graphisch ermittelt (Zahl der Kapillarbrüche bei zehn Messungen gegen Federdehnung in cm aufgetragen, z. B. 71 cm: 8 × gedehnt, 2 × gerissen; 75 cm: 4× gedehnt, 6× gerissen → charakteristischer Wert: 74 cm).

Zur Ermittlung des Alterungsverhaltens an frisch ersponnener PE-S wurden die charakteristischen Federspannungen in Abhängigkeit von der Lagerzeit dargestellt (Bild 2). In den ersten Stunden macht sich eine starke Alterung durch einen Abfall der charakteristischen Federspannung bemerkbar; nach wenigen Tagen (meist nach 1 bis 2 Tagen) wird ein Endwert erreicht. Matt- und Glanzseide zeigen im wesentlichen gleiches Verhalten. Der Einfluß von Wasser und Präparation

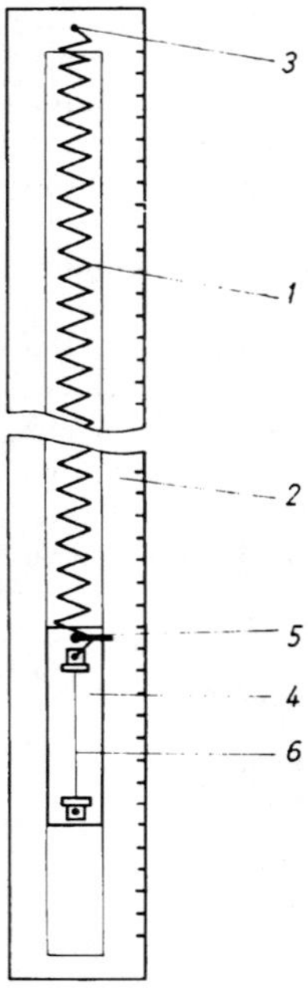

Bild 1. ,,Katapultgerät" zur Bestimmung des Alterungsverhaltens ungereckter PE-S

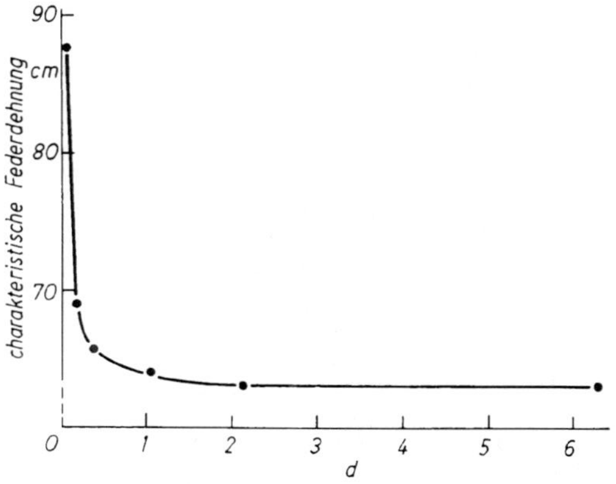

Bild 2. Alterungsverhalten ungereckter PE-S, am ,,Katapultgerät" bestimmt

wurde durch die Untersuchung trockener und präparationsmittelfreier Seiden weitgehend ausgeschlossen. Der sich bei Lagerung im Normalklima nach einigen Tagen einstellende Alterungsendwert kann an frischen Seiden durch eine 20 min währende Temperung bei 80 °C unter Spannung sofort erreicht werden (Bild 3, Kurve *a*), der Alterungsvorgang wird durch die Wärmebehandlung stark beschleunigt. Kurve *b* beschreibt die Alterung der gleichen Seide im Normalklima. Durch Kühlung in flüssigem Sauerstoff wird die Alterung frisch ersponnener PE-S verlangsamt. Nach 4 h bei −180 °C ist nur ein geringfügiger Abfall der charakteristischen Federdehnung am ,,Katapultgerät" festzustellen. Bringt man die stark unterkühlte Seide in Normalklima, so setzt sofort die an frischen Seiden beobachtete schnelle Alterung ein (Bild 3, Kurve c).

Auch mit einem Tensomodul-Gerät (Fa. Rothschild, Elektronische Meß- und Steuergeräte, Zürich), einer Meßeinrichtung zur Bestimmung der Reckkraft bei stetig veränderlichem Reckverhältnis und variabler Abzugsgeschwindigkeit, läßt sich das Alterungsverhalten ungereckter PE-S nachweisen. Bei konstanter Abzugsgeschwindigkeit wurde das Reckverhältnis stetig bis zur Flusenbildung erhöht. Werden diese Werte in Abhängigkeit von der Zeit gemessen (Bild 4a), so ergibt sich ein Kurvenverlauf, der mit dem am ,,Katapult-

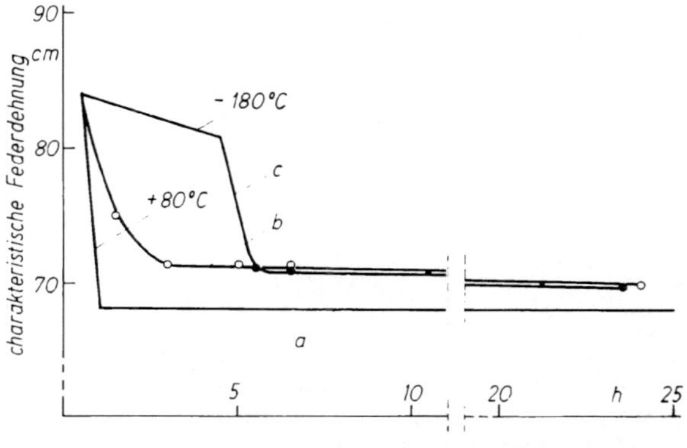

Bild 3. Einfluß der Temperatur auf die Alterung ungereckter PE-S

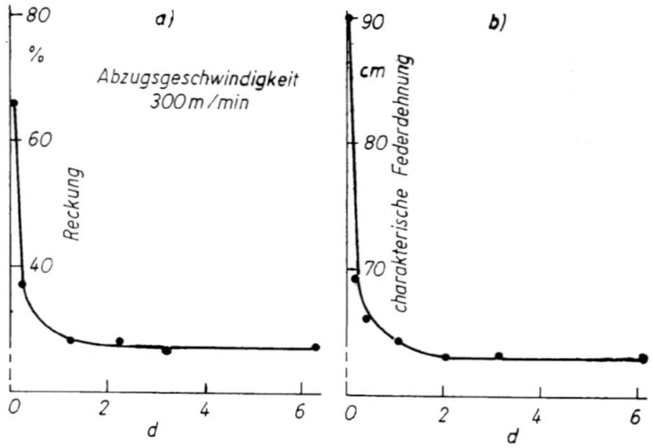

Bild 4. Alterungsverhalten einer ungereckten PE-S
a) am Tensomodul-Gerät bestimmt
b) am „Katapultgerät" bestimmt

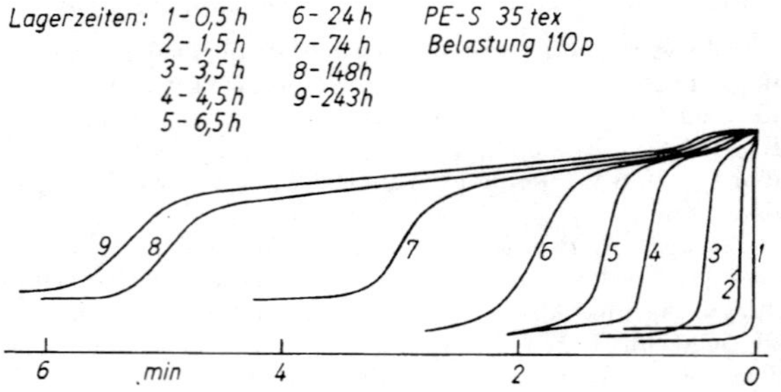

Bild 6. Alterungsbedingte Veränderung des Kriechverhaltens einer ungereckten PE-S

gerät" ermittelten Alterungsverhalten übereinstimmt (Bild 4b).

Das gleiche Alterungsverhalten wird durch die zeitabhängige Aufnahme und Auswertung von Kraft-Dehnungs-Diagrammen gefunden. Die Messungen wurden an einem Zugfestigkeitsgerät ZT4 (VEB Industriewerk Rauenstein) durchgeführt. Um Ungenauigkeiten durch unkontrollierbares Fließen des Fadens aus den Klemmen zu verhindern, wurden Haken angebracht und die Messungen an Schlingen mit fünf Windungen durchgeführt. Aus den Diagrammen ermittelten wir das natürliche Reckverhältnis RV_{nat} und die zum Erreichen der Fließzone erforderliche Kraft p_{Flz}. RV_{nat} und p_{Flz} verändern sich beim Lagern unter Normalklima. Die alterungsbedingte Veränderung dieser Größen geht aus den Bildern 5a und 5b hervor; die Werte nehmen mit der Alterung zu. Die Kurven zeigen gute Übereinstimmung im Verlauf der Alterung. Wie beim „Katapultversuch" nähern sich auch hier die Alterungsendwerte für RV_{nat} und p_{Flz} den Werten, die nach Temperung der frischen Seide bei 80 °C unter Spannung erhalten wurden. Geringere Abweichungen führen wir auf strukturelle Veränderungen beim Tempern unter Spannung zurück. Die dabei auftretende Schrumpfkraft wurde nicht bestimmt, der Heißluftschrumpf der frischen Seide beträgt bei 80 °C ca. 12%. Der Einfluß der Präparation konnte auch bei diesen Versuchen ausgeschlossen werden.

In weiteren Untersuchungen wurde die Veränderung des Kriechverhaltens von ungereckter PE-S in Abhängigkeit von der Lagerzeit bestimmt. Beim Kriechversuch wird die Längenänderung einer Probe bei konstanter Kraft in Abhängigkeit von der Zeit ermittelt. Wir führten die Messungen an einem von *H. Dittmann* [4] entwickelten Gerät durch. Die Längenänderung des Prüffadens wird auf einem mit konstanter Geschwindigkeit ablaufenden Papierstreifen registriert. Beim Altern der ungereckten PE-S tritt eine zunehmende Verlangsamung des Kriechvorganges ein. In Bild 6 sind die Kriechkurven einer PE-S wiedergegeben, die nach verschiedenen Lagerzeiten aufgenommen wurden. Da der Feuchtegehalt einen wesentlichen Einfluß auf das Kriechverhalten hat, wurden die Messungen entweder in Normalklima hoher Konstanz oder an nassen Fäden durchgeführt. In beiden Fällen wurde die gleiche Alterungstendenz gefunden.

3. *Auswertung und Diskussion der Ergebnisse*

Die Alterung frisch ersponnener, ungereckter PE-S kann

1. durch das Reckverhalten am „Katapultgerät",
2. durch die Flusenbildung am Tensomodulgerät,
3. durch die Auswertung der Kraft-Dehnungs-Diagramme und
4. durch Kriechversuche

verfolgt werden.

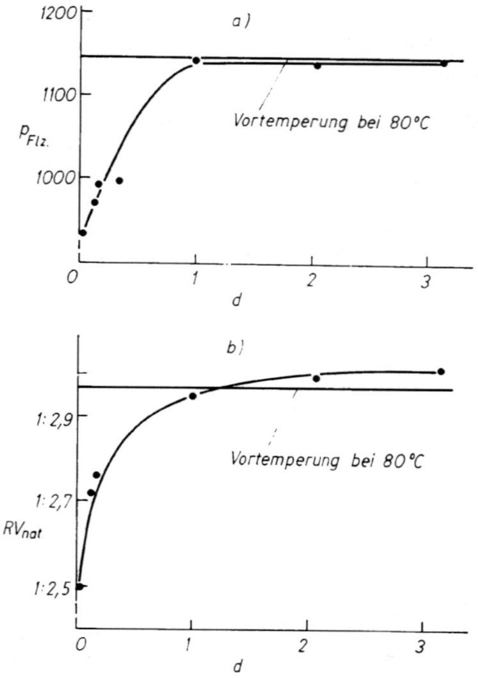

Bild 5. Bestimmung des Alterungsverhaltens ungereckter PE-S aus Kraft-Dehnungs-Diagrammmen
a) Zeitabhängige Veränderung der zum Erreichen der Fließzone erforderlichen Kraft p_{Flz}.
b) Zeitabhängige Veränderung des natürlichen Reckverhältnisses RV_{nat}.

Nach den übereinstimmenden Ergebnissen der Methoden 1 bis 3 erfolgt besonders in den ersten Stunden nach dem Erspinnen eine schnelle Alterung, nach ein bis zwei Tagen stellt sich meist ein Endwert ein, der durch Tempern der frischen Seide bei 80 °C unter Spannung schon nach wenigen Minuten erreicht werden kann; durch Kühlung mit flüssigem Sauerstoff wird die Alterung dagegen stark verzögert. Durch die Kriechversuche wird ein Alterungsprozeß erfaßt, der bedeutend langsamer verläuft.

Die Ergebnisse unserer Untersuchungen lassen sich mit den Vorstellungen von *H. A. Stuart* [1] über das Altern amorph erstarrter makromolekularer Stoffe erklären: Beim Altern erhöht sich der Nahordnungsgrad der Kettenmoleküle und verursacht eine Versprödung, die am „Katapultgerät" bei zunehmend niedrigerer Federspannung zum Fadenbruch führt und am Tensomodulgerät schon bei niedrigeren Reckverhältnissen Flusenbildung hervorruft. Im Kraft-Dehnungs-Diagramm ist bei steigender Nahordnung ein erhöhter Kraftaufwand erforderlich, um die Fließzone zu erreichen. Auch die Ergebnisse der Kriechversuche können mit einer Erhöhung des Ordnungszustandes und der damit verbundenen stärkeren zwischenmolekularen Wechselwirkung gedeutet werden.

Von den beschriebenen Methoden erscheint die zeitabhängige Aufnahme von Kraft-Dehnungs-Diagrammen als am besten zur Erfassung des Alterungsverhaltens ungereckter PE-S geeignet; sie zeichnet sich durch einfache Versuchsdurchführung und gute Reproduzierbarkeit aus. Bei einer Erprobung im Produktionsprozeß sollen Zusammenhänge zwischen Alterungsverhalten, Seidenqualität und Spinnparametern untersucht werden. In einer ersten Versuchsreihe wurde der Einfluß der Orientierung auf das Alterungsverhalten ungereckter PE-S bestimmt. Beim Erspinnen der Seide wurde die Abzugsgeschwindigkeit bei konstanter Fördermenge zwischen 400 und 1200 m/min variiert; mit der steigenden Abzugsgeschwindigkeit und den dadurch bedingten fallenden Kapillardurchmessern erzielten wir die gewünschte Abstufung in der Orientierung. Ein nennenswerter Einfluß der Orientierung auf das Alterungsverhalten konnte nicht festgestellt werden. Das natürliche Reckverhältnis RV_{nat} nimmt mit steigender Abzugsgeschwindigkeit bzw. zunehmender Feinheit ab, das gilt sowohl für frisch ersponnenes Material wie auch für unter Spannung bei 80 °C getemperte Proben und für natürlich gealterte Fäden (Bild 7). Der parallele Verlauf der Geraden in Bild 7 zeigt, daß die alterungsbedingte Veränderung des natürlichen Reckverhältnisses im gemessenen Bereich unabhängig von der Abzugsgeschwindigkeit ist.

Die Kenntnis des Alterungsverhaltens ungereckter PE-S ist nicht nur für die diskontinuierliche Produk-

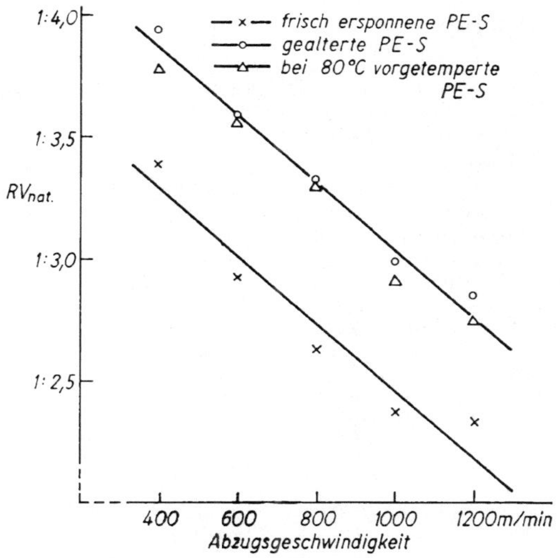

Bild 7. Abhängigkeit des natürlichen Reckverhältnisses RV_{nat} von der Abzugsgeschwindigkeit vor (a) und nach (b) dem Alterungsprozeß.

tionsweise von Bedeutung, sondern sie wird auch bei einem Übergang zu neuen Technologien von Interesse sein.

Die vorliegenden Untersuchungen wurden im Rahmen einer Vertragsforschung mit dem Bereich Forschung des VEB Chemiefaserwerk Schwarza durchgeführt.

Das Probenmaterial wurde uns vom VEB Chemiefaserwerk Schwarza zur Verfügung gestellt, wir danken hierfür besonders Herrn Chemieing. *Exler*; für fördernde Diskussionen sei Herrn Dr. *Schroth* vielmals gedankt.

Herrn *Schimmelschmidt*, Institut für Textiltechnologie der Chemiefasern, Rudolstadt, danken wir sehr für die freundliche Unterstützung bei der Ermittlung textiler Werte.

Literatur

[1] *Stuart, H. A.:* Physikalische Ursachen der Alterung von Kunststoffen. Angew. Chemie **79** (1967) 20, S. 877—884.

[2] *Skraga, J., Basiński, A., Czajkowski, A.,* und *Milewicz-Dabek, E.:* Einfluß der Alterung von nichtorientierten Polyäthylenfaserstoffen auf die Strukturveränderung bei der Reckung. Polimery, Warszawa **12** (1967) 9, S. 425—430.

[3] *Schroth, R.:* Forschungsbericht im VEB Chemiefaserwerk Schwarza.

[4] *Clement, A., Dittmann, H., Henkel, H., Kaufmann, S., Lochmüller, O.,* und *Wiesener, E.:* Faserphysikalische Arbeiten zur Qualitätsentwicklung. Mitt. Inst. Textiltechnol. Chemiefasern Rudolstadt **8** (1964) 2/3, S. 116 bis 144.

Eingegangen am 3. November 1969

Neue Bücher

Kinetics and Mechanisms of Polymerization. Vol. 1: Vinyl Polymerization, Part 1. Hgg. von *George E. Ham.* New York: Marcel Dekker 1967. XI, 546 S. Lwd. $ 28.75.

Das vorliegende Buch ist der erste Band einer dreiteiligen Serie. Das gesamte Gebiet der Kinetik und der Mechanismen der Polymerisationsreaktionen soll durch Beiträge kompetenter Autoren behandelt werden.

Den Leser überrascht zunächst die Kürze des 58 Seiten umfassenden ersten Kapitels über die „Allgemeinen Aspekte der radikalischen Polymerisation" (*G. E. Ham*). An diesem Beitrag läßt sich jedoch offensichtlich die Grundkonzeption der gesamten Serie erkennen. Neben den neuen Ergebnissen werden bereits länger bekannte Zusammenhänge und Fakten dargelegt, um ein möglichst anschauliches, von verschiedenen Seiten beleuchtetes Bild zu zeichnen. Es wird versucht, mit dem Leser die historische Entwicklung der fundamentalen Erkenntnisse bis zu ihrem gegenwärtigen Stand nachzuempfinden. Die Weiterentwicklung der Theorie, mögliche und tatsächliche Varianten oder gedankliche Umwege und die Diskrepanzen zwischen Theorie und Experiment, die weitere Untersuchungen motivierten, veranschaulichen den historischen Hintergrund, auf dem das heutige Wissen beruht. Das Buch stellt gewissermaßen eine Art Symbiose von Lehrbuch und Fortschrittsbericht dar, den letzteren mit über 1800 Literaturzitaten bis in das Jahr 1966. Verständlich, daß ein solches Buch eine Auswahl der zu behandelnden Probleme und der heranzuziehenden Arbeiten voraussetzt.

Ebenso verständlich ist es nun, daß einige wichtige Stichwörter im ersten Kapitel fehlen. Sie werden in den folgenden Kapiteln besprochen, und zwar bei den Monomeren, deren Polymerisationsverlauf von diesen Fakten entscheidend beeinflußt wird.

Gegenstand der weiteren Kapitel sind: Der Mechanismus der Cyclopolymerisation nichtkonjugierter Diolefine (*W. E. Gibbs* und *J. M. Barton*, 80 S.); Styrol (*M. H. George*, 68 S.); Mechanismus der Vinylacetatpolymerisation (*M. K. Lindemann*, 124 S.); Polymerisation von Vinylchlorid und Vinylidenchlorid (*G. Talamini* und *E. Peggion*, 33 S.); Einschlußphänomene bei der Polymerisation von Acrylnitril und anderen Monomeren (*A. D. Jenkins*, 34 S.); Polymerisation des Acroleins (*R. C. Schulz*, 42 S.) und schließlich ein Kapitel über Polymerisationswärmen und deren Abhängigkeiten (*R. M. Joshi* und *B. J. Zwolinski*, 65 S.).

Schon beim bloßen Blättern stößt man auf eine Fülle wissenswerter und anregender Fakten und Zusammenhänge. Ein Schlagwortverzeichnis erleichtert das Auffinden spezieller Probleme. Bemerkenswert ist das Vorhandensein des ausführlichen Autorenregisters.

Man kann dem Erscheinen der weiteren Bände dieser Serie mit Interesse entgegensehen. *W. Makschin*

1968 Book of ASTM Standards. Part 25. Textile Materials — Fibers and Zippers; High Modulus Fibers. Ausgabe Oktober 1968. Herausgegeben von der American Society for Testing and Materials. 1916 Race. St., Philadelphia, Pa. 19103. Baltimore (USA): American Society for Testing and Materials. September 1968. XXIV, 666 S. Lwd. $ 13,00.

Ebenso wie beim Band 24 ist es dem Rezensenten auch hier möglich, die Ausgabe 1968 mit der von 1964 zu vergleichen. Der in diesen vier Jahren erzielte Fortschritt in der amerikanischen Textilprüfungs-Standardisierung zeigt sich dadurch besonders deutlich. Es läßt sich folgendes sagen:

Zwischen den Bänden 24 und 25 ist eine gewisse Bereinigung vorgenommen worden. So sind die allgemeinen Prüfverfahren für Fasern jetzt im Band 25, die Prüfverfahren für Filze, Vliesstoffe, Fußbodenbeläge und Teppiche, Reifencord und -cordgewebe jetzt im Band 24 und die Prüfverfahren für Leder jetzt nur im Band 15 enthalten. Damit erklärt sich auch, daß jetzt 100 Standards aufgenommen sind, während es 1964 noch 125 waren. Unverändert wurden 41, als überarbeitete Ausgaben 43 und völlig neu 16 Standards erfaßt. Von den 39 nicht mehr enthaltenen Standards wurden 9 in den Band 24, 22 in den Band 15 eingegliedert, einer für die Prüfung von Leder und 3 für die Prüfung von Textilien völlig aufgegeben und 4 weitere in neue Standards eingebaut.

Bei den völlig aufgegebenen Standards handelt es sich um Verfahren für die Trennfestigkeit von Leder (D 1699), die Prüfung der Farbechtheit beim gewerblichen und häuslichen Waschen von getufteten Brücken und Teppichen (D 1778, aufgegeben 1966), die Schnellbestimmung der Faserlänge in Wollkammzügen (D 2142, aufgegeben 1967) und die Bestimmung der Länge und Längenverteilung von Baumwollfasern nach dem verkürzten Kammstapelverfahren (D 2479, aufgegeben 1967). In die Spezifizierung für Wollfilze (D 2475) sind zwei ältere Verfahren (D 944 und D 1114) übernommen worden. Die Bestimmung der Baumwollreife im polarisierten Licht (D 1450) wurde mit dem Natronlauge-Quellverfahren in einem Standard (D 1442) zusammengefaßt. Die Prüfung von getufteten Fußbodenbelägen mit aufgeschnittenem Flor (D 1486) ist in dem allgemeineren Standard D 418 enthalten.

Da sich die 41 unveränderten Ausgaben nicht und die 43 neueren Ausgaben im Prinzip nicht von den 1964 enthaltenen unterscheiden, kann auf ihre nähere Erläuterung verzichtet werden, sie kann in einer früheren Rezension (Faserforschung u. Textiltechnik **16** (1965) 4, S. 217) nachgelesen werden.

Von den 16 neu aufgenommenen Standards waren 4 früher im Band 24 enthalten, und zwar die Verfahren zur Identifizierung von Fasern (D 276), die Kupfer- und Manganbestimmung (D 377), die Viskositätsbestimmung (D 539) und die quantitative Faseranalyse (D 629). Die übrigen 12 Standards waren 1964 in noch keinem Band enthalten. Es handelt sich um die Klassifizierung der Chemie- und Naturfasern (D 2368), die Bestimmung des Wasserrückhaltevermögens (D 2402), die Feuchtebestimmung in Wolle durch Destillation mit Toluol (D 2462), die Kräuselungsbestimmung in Schweißwolle (D 2491), den Flachbündelzugversuch für Wollfasern (D 2524), das Aufstellen eines Probenahmeplanes für die Feuchtebestimmung in Wolle (D 2525), die Bestimmung der *Bauer/McNett*-Klassifizierung von Asbestfasern (D 2589), die Probenahme von Asbestfasern (D 2590), die Bestimmung der Faserhaftung in Bändern und Kammzügen (D 2612), die Feuchtebestimmung in Textilmaterialien (D 2654), eine empfohlene Praxis für das Durchführen von Spinnversuchen nach dem Baumwollspinnverfahren zur Messung der Garneigenschaften (D 2678) und eine empfohlene Praxis für die Berechnung der Handelsmasse und des Wollgehalts in gewaschener Wolle, Kammzug und Kämmling verschiedener handelsüblicher Zusammenstellungen (D 2720).

Gemeinsam geben Band 24 und Band 25 einen guten Überblick über den Stand der Textilprüftechnik in den Vereinigten Staaten. Die jeweils neuesten Auflagen der beiden Bände sind all denen zu empfehlen, die sich mit der Ausarbeitung von Textilprüfstandards befassen. *F. Winkler*

Statistic Mechanics of Chain Molecules. Von *Paul J. Flory.* New York/London: Interscience Publ., J. Wiley & Sons 1969. XX, 432 S., 102 Abb., 18 Tab.

Einleitend wird in dem Buch ein kurzer Überblick über die Grundlagen der Statistik von Kettenmolekülen und die Theorien des Segmentmodells und der Valenzwinkelkette gegeben, wobei aber der Effekt des ausgeschlossenen Volumens nur qualitativ behandelt wird.

Der Schwerpunkt des Buches liegt auf einer ausführlichen Darstellung der Statistik von Polymerketten mit Hilfe rotationsisomerer Zustände. Während bei dem Segmentmodell die spezifischen Eigenarten eines Polymeren nur durch eine fiktive Größe, die Segmentlänge, beschrieben werden, kommt im Modell rotationsisomerer Zustände die chemische Struktur der Moleküle durch Vorgabe der Bindungslänge, des Valenzwinkels und des Rotationspotentials direkt zum Ausdruck.

Entsprechend dem Konzept der statistischen Mechanik sind die Moleküleigenschaften durch Mitteilung über alle Konfigurationen zu berechnen. Der allgemeine Fall variabler Bindungslängen, Valenzwinkel und Rotation um die Bindungen ist äußerst kompliziert und läßt sich bei größeren Kettenlängen mathematisch nicht mehr bewältigen. Man erhält jedoch eine gute Näherung für die realen Ketten, wenn man feste Bindungslängen und Valenzwinkel voraussetzt und für die Rotationen nur diskrete Werte zuläßt.

Die Theorie dieses Modells für den Fall voneinander abhängiger Rotationspotentiale wird in Kapitel III des Buches ausführlich abgehandelt. Das nächste Kapitel ist der Berechnung der Momente von Kettenmolekülen, speziell der mittleren quadratischen Dimensionen, gewidmet. In den Kapiteln V, VI und VII wird die Theorie auf spezielle Polymere angewendet. Während sich Kapitel V mit symmetrischen Ketten (z. B. Polymethylen, Polytetrafluoräthylen, Polyoxymethylen, Polydimethylsiloxan, Polyamide, Polyester und Polyisobutylen) beschäftigt, werden in Kapitel VI asymmetrische Vinylketten und in Kapitel VII Polypeptide und Proteine behandelt. In Kapitel VIII wird die Verteilungsfunktion $W(r)$ für verschiedene Molekülmodelle berechnet. Das letzte Kapitel beschäftigt sich mit den optischen Eigenschaften: der *Rayleigh*streuung, der Depolarisation des Streulichtes, der Spannungsdoppelbrechung und dem *Kerr*-Effekt.

Das Buch ist überwiegend theoretischer Natur und stellt infolge der Vielzahl mathematischer Betrachtungen höhere Ansprüche an den Leser. Da aber im wesentlichen nur die Kenntnis der Matrixalgebra und der Grundlagen der statistischen Mechanik vorausgesetzt wird und außerdem spezielle mathematische Probleme ausführlich im Anhang abgehandelt werden, ist dem Autor eine übersichtliche, verständliche Darstellung der behandelten Thematik gelungen, die durch 371 Literaturzitate ergänzt wird.

Herbert Dautzenberg

Chemiefaser-Lexikon. Von *Robert Bauer.* 6. verb. u. erg. Auflage. (Schriftenreihe der Textil-Wirtschaft.) Frankfurt am Main: Deutscher Fachverlag 1966. 170 S., 24 Abb. mit zahlr. Tab. Hlwd.

Wenn heute nicht allein der Faserstoffchemiker und -technologe oder der in der Praxis stehende Textilingenieur und -techniker, sondern praktisch jede Hausfrau mit einer lawinenartig wachsenden Menge von Begriffen aus der Welt der Chemiefasern wie deren Gattungs- und Handelsnamen und Bezeichnungen für ihre Eigenschaften und Verarbeitungsverfahren konfrontiert wird, so erscheint der allgemeine Wunsch nach der „ersten Hilfe" mehr als verständlich. Um diese zu schaffen, ist das vorliegende Buch entstanden, das nunmehr in der 6., verbesserten und ergänzten Auflage seit 1960 erschienen ist.

Wie der Altmeister der Chemiefaserliteratur *Robert Bauer* die von ihm selbst im Vorwort gestellte Aufgabe: „... dem Benutzer (zu) helfen, sich im weiten Reich der Chemiefasern zu orientieren" zu lösen versteht, mag folgendes zeigen:

Nach einer knappen, jedoch prägnanten und allgemein verständlichen Darstellung der Lage von Chemiefasern heute, in der sowohl ihre wirtschaftliche Notwendigkeit begründet, aber auch für eine Art „friedliche Koexistenz" zwischen den Natur- und den Chemiefasern eine Lanze gebrochen wird, ist es dem Verfasser gelungen, auf nur 67 S. des Hauptteils des Lexikons 230 Begriffe unterzubringen, wobei von Verweisungen reichlich Gebrauch gemacht wird. Die ausgewählten Begriffe verteilen sich ziemlich gleichmäßig auf Herstellung, Behandlung und Eigenschaften von Chemiefaserstoffen. Während die chemischen Begriffe wie Caprolactam, Makromoleküle, Polymerisation u. ä. bewußt kurz erläutert werden, enthalten die technologischen Artikel etwas ausführlichere Angaben. Bei allen z. Zt. der Drucklegung in Westdeutschland produzierten Fasertypen werden auch Wasch- und Reinigungsvorschriften mit angeführt. Für ein Lexikon beinahe zu ausführlich muten die Darstellungen über die Chemiefaserproduzenten in der Bundesrepublik an, wobei für jede Firma deren Geschichte, Kapital, Umsatz und Belegschaftsstärke (Stand 1965) angegeben werden. Nicht vergessen sind dabei sogar die infolge des Zweiten Weltkrieges im Besitz der DDR bzw. Polens befindlichen Betriebe(!)

Wahrscheinlich aus Konkurrenzgründen vermeidet jedoch der Verfasser im textlichen Teil fast jegliche Erwähnung der Chemiefaserhersteller außerhalb der BRD und auch deren Produkte — es fehlen als Stichwörter z. B. Courtaulds, DuPont, ICI, Snia Viscosa sowie Dacron, Orlon, Terylene u. ä.

Während im Bildteil einige typische Beispiele der Chemiefaserherstellung anhand von 24 Fotos recht anschaulich dargestellt sind, enthält der darauffolgende Teil III auf 22 S. sowohl alphabetisch als auch systematisch geordnet die bis 1965 produzierten Markennamen mit Angabe von Herstellungsverfahren und -form, der chemischen Struktur und des Erzeugers.

Da inzwischen sowohl die neuesten Faserstoff-Tabellen von *P. A. Koch* als auch die sehr ausführlichen Darstellungen von *K. Meyer* und von *Schmidlin* erschienen sind, erübrigt es sich auf einige Lücken in diesem Teil einzugehen.

Im anschließenden Anhang sind eine ausführliche Statistik der Chemiefaserherstellung und Angaben über die Textilfaserproduktion und -verbrauch bis 1965 enthalten. Eine kurze Chronik und mehr als 60 sorgfältig ausgewählte Literaturhinweise (meist in Deutsch) runden das wohlgelungene Buch ab.

Keiner, der sich schnell über ihm nicht oder nicht mehr ganz geläufige Begriffe aus der Welt der Chemiefasern informieren will, sollte sich schämen, das kleine Buch in die Hand zu nehmen — irgend etwas Nützliches wird er darin bestimmt finden.

T. Lukanoff

High Temperature Resistant Polymers. Von *A. H. Frazer.* New York/London/Sydney/Toronto: Interscience Publ./Wiley & Sons 1968. 338 S. Lwd. 165 s.

In der Reihe „Polymer Reviews" von *H. F. Mark* und *E. H. Immergut* liegt nun als 17. Band obiger Titel vor. Darin werden zunächst einige theoretische Grundlagen, die zum allgemeinen Verständnis der thermischen Stabilität chemischer Verbindungen Voraussetzung sind, abgehandelt. Zu nennen sind hier u. a. reversible und irreversible Umwandlungsprozesse von Polymeren. Genügend Platz wird Fragen der Abhängigkeit der Struktur von der thermischen Stabilität sowie den verschiedensten Methoden zur Erfassung dieser Prozesse, wie z. B. der Differentialthermoanalyse (DTA) und der Thermogravimetrie (TG) eingeräumt.

Im überwiegenden Teil des Buches werden die verschiedensten hochtemperaturbeständigen Polymeren (aromatische Polymere, aromatische Polymere mit funktionellen Gruppen in der Kette, aromatische Polymere mit heterocyclischen Ringen) ausführlich mit dazugehörigen physikochemischen Daten beschrieben. Von nicht zu unterschätzender Bedeutung ist der dann folgende Überblick über anorganische Polymere. Auf ausführliche Darstellungsvorschriften der behandelten Verbindungen wird, da das Buch nicht als präparativer Leitfaden dienen soll, verzichtet. Ein Abschnitt über die verschiedenartigsten Anwendungsmöglichkeiten hochtemperaturbeständiger Polymerer beschließt das Werk. Es wird über ihren Einsatz auf folgenden Gebieten berichtet: Klebstoffe, Bekleidung, glasfaserverstärkte Kunststoffe, Fasern, Filme, Papier und Harze.

Zu bemerken sind in allen Kapiteln recht übersichtlich dargestellte Formelschemen. Das gleiche gilt auch für die vielen Tabellen und Diagramme. Die sehr zahlreichen Literaturzitate reichen bis zum Jahre 1967. Einem umfangreichen Autorenverzeichnis steht ein knappes Stichwortverzeichnis gegenüber. Die Ausstattung des Buches ist, wie in dieser Reihe üblich, ausgezeichnet.

Es wird ein umfassender Überblick über das im Titel genannte Gebiet gegeben. Die Lektüre kann jedem Polymerchemiker, zumindest jedem, der sich mit Fragen des thermischen Verhaltens von Polymeren beschäftigt, unbedingt empfohlen werden. In einigen Abschnitten wird auch ein großer Leserkreis dieser Zeitschrift direkt angesprochen.

D. Becker

Organic Photochemistry. Vol. 1. Hrsg. von *O. L. Chapman.* New York: Marcel Dekker 1967. XII, 340 S. Lwd. $ 16,75.

Der Herausgeber charakterisiert im Vorwort dieses Buches die stürmische Entwicklung auf Gebieten der Photochemie sehr treffend als höchst erstaunlich für jedweden Chemiker und verwirrend selbst für denjenigen, der seit längerer Zeit Probleme dieses Gebiets bearbeitet. So verwundert es nicht, daß neben einer Reihe in den letzten Jahren erschienener Monographien und Fortschrittsberichte nun eine neue Serie mit spezifischer Aufgabenstellung vorliegt. „Organische Photochemie" wird dabei als interdisziplinäre Wissenschaft verstanden, bei der photochemische Methoden in der organischen Chemie und Methoden der organischen Chemie in der Photochemie angewandt werden. Der erste Band dieser Berichtsreihe enthält folgende 7 Beiträge:

Photochemische Umwandlungen von Cyclohexadienonen und analogen Verbindungen (*P. J. Kropp*).

Photochemische Umwandlungen von Carbonylgruppen enthaltenden kleinen Ringen (*A. Padwa*).

Photo-Fries-Reaktion und verwandte Umlagerungen (*V. I. Stenberg*).

Photochemie der Troponoide (*D. J. Pasto*).

Photochemie der Olefine (*G. J. Fonken*).

Photocyclisierung der Stilbene (*F. R. Stermitz*).

Photo-Cycloadditionsreaktionen (*O. L. Chapman* und *G. Lenz*).

Als Reihe zusammenfassender und kritisch wertender Übersichten konzipiert, erweckt das Werk nach der Lektüre dieses Bandes den Eindruck, daß in den vorliegenden Beiträgen dieses Ziel durchaus erreicht wird. Übersichtliche Darstellungsweise und umfangreiche Literaturverzeichnisse fördern und vertiefen nicht nur bei denjenigen Verständnis und Kenntnisse, denen die behandelten Themenkomplexe relativ fremde Arbeitsgebiete sind, so daß man mit Interesse dem Erscheinen der nächsten Bände entgegensehen kann.

W. Jaeger

Chemiefasern auf dem Weltmarkt. 7. Aufl. Freiburg i. Br.: Deutsche Rhodiaceta AG 1969. 241 S. 8°. In Nyltest geb.

Die neue, mit dem Stand vom 1. Juli 1969 abgeschlossene Auflage weist wiederum eine sehr sorgfältige, weitgehend mit Unterstützung der Chemiefaserhersteller durchgeführte Überarbeitung auf. Da gegenüber der 6. Auflage[1]) außerdem der Inhalt etwas anders gegliedert sowie um ein Kapitel „Chemiefasern" und einen chemisch-physikalischen Anhang erweitert wurde, dürfte es angebracht sein, diesmal einen geschlossenen Überblick über das seit Jahren bewährte Nachschlagebuch zu geben.

Der neue Abschnitt „Chemiefasern" führt die Definitionen, Ausgangsstoffe und den chemischen Aufbau der verschiedenen Chemiefasergattungen auf, die z. Z. im technischen Maßstab hergestellt werden. Unter Chemiefasern werden dabei alle Fäden, Spinnfasern und Kabel verstanden, die aus natürlichen oder synthetischen Polymeren hergestellt werden. Die benutzten Kurzzeichen der Chemiefasergattungen, ergänzt um die der Mineral- und Metallfasern, sind anschließend nochmals zusammengestellt.

Der zweite Abschnitt „Handelsnamen" enthält ein alphabetisches Verzeichnis von Handelsnamen für Chemiefaserstoffe (einschließlich texturierter Garne) mit Angabe der Fasergattung, der chemischen Ausgangsstoffe, der Handelsform und der Hersteller. Handelsnamen, die nicht oder nicht mehr benutzt werden, sind im allgemeinen nicht aufgeführt. An texturierten Garnen wurde wegen der unübersehbaren Zahl der Handelsnamen nur eine Auswahl ohne Angabe der Hersteller aufgenommen.

Im dritten Abschnitt „Hersteller" werden in alphabetischer Folge die Herstellerfirmen von Chemiefaserstoffen mit Anschriften und den von ihnen benutzten Handelsnamen aufgeführt (ohne die der texturierten Garne).

Im vierten Abschnitt „Länder" sind für jedes Land die Chemiefaserhersteller mit den von ihnen erzeugten Fasergattungen zusammengestellt.

Der fünfte Abschnitt „Fasergattungen" bringt — nach Chemiefasergattungen geordnet — wiederum die im zweiten Abschnitt aufgeführten Handelsnamen.

Der fünfte Teil „Anhang" schließlich enthält Ausführungen über die Identifizierung von Chemiefaserstoffen mit Löslichkeitstabellen, Kurven über die Abhängigkeit der Feuchteaufnahme von der rel. Luftfeuchte für einige Faserstoffe, eine Tabelle der physikalischen Eigenschaften, Formeln für die Berechnung einiger Faserwerte und Umrechnungstabellen von g/den in Rkm sowie von den in dtex und Nm. Den Schluß bildet ein 108 Ausdrücke umfassendes Fachwörterverzeichnis mit den entsprechenden englischen und französischen Ausdrücken.

Es kann nur wiederholt werden, daß — zumal nach den erfolgten Ergänzungen — dieses Handbuch als das führende Nachschlagewerk seiner Art bezeichnet werden muß, für dessen laufende Herausgabe und Verbesserung den Herausgebern der Dank aller Nutzer gebührt. *J. Brämer*

[1]) Vgl. Faserforsch. u. Textiltechnik 18 (1967) 7, S. 353.

Patentschau

Auszug aus der Lieferung 19/20/1969 der Patentschau „Faserstoffe und Textiltechnik", Ausgabe A: Faserstoffe einschl. Kunststoffe und organ. Grundsubstanzen, zusammengestellt von der Abteilung Wissenschaftliches Berichtswesen des Instituts für Faserstoff-Forschung der DAW, 153 Teltow-Seehof, Kantstr. 55

Die Patentschau ist nach der deutschen Patentklasseneinteilung gegliedert. Es bedeuten: DDP = DDR-Patent; DBP = Deutsches Bundespatent; DAS = (West)-Deutsche Auslegeschrift; DOS = (West)-Deutsche Offenlegungsschrift; OeP = Österreichisches Patent; PoP = Polnisches Patent; SzP = Schweizer Patent; FrP = Französisches Patent; GBP = Britisches Patent; JaP = Japanisches Patent; SvP = Schwedisches Patent; SUP = Sowjetisches Patent; ČSP = Tschechoslowakisches Patent; USP = Amerikanisches Patent; A = Anmeldedatum, O = Tag der Offenlegung, B = Tag der Ausgabe der Patent- bzw. Auslegeschrift.

Klasse 12 o, 6. Synthetische Derivate der Kohlenhydrate u. dgl., z. B. Celluloseester, auch Viskose

SUP 245756 (Urheberschein). Verfahren zur Herstellung von Acetylcellulose. Erf.: *B. E. Geller* u. *M. V. Polovnikova*. A. 12. 5. 68, B. 11. 6. 69. Kl.: 12 o, 6, Int. Kl.: C 08 b. A.-Z.: 1241032/23 – 4.

SUP 247938 (Urheberschein). Verfahren zur Herstellung partiell substituierter Äther und Ester der Cellulose. Erf.: *E. L. Akim*, *V. M. Jasnovskij*, *V. F. Androsov*. Anm.: Leningradskij Institut tekstil'noj i legkoj promyšlennosti im. S. M. Kirova. A. 9. 12. 66, B. 10. 7. 69. Kl.: 12 o, 6 (8k, 1/40). A.-Z.: 1172232/23 – 5.

Klasse 12 o, 14. Aromatische Carbonsäuren und Harzsäuren (teilweise)

DOS 1493250. Verfahren zur Herstellung von Terephthalsäure. Erf.: *Yataro Ichikawa* u. *Nobuo Suzuki*. Anm.: Teijin Ltd., Osaka (Ja). A. 25. 9. 64, O. 20. 3. 69. Kl.: 12 o, 14. A-Z.: P 1493250 (T 27084). Prior.: 10. 10. 63, 23. 7. 64 u. 8. 9. 64 (Ja; A.-Z.: 52780, 42156 u. 51285, A.-Z.: 51285 entspr. JaP 23447/68). Entspr. SzP 455736, FrP 1418262 u. USP 3431296.

USP 3452088 Zus. z. Pat. m. A.-Z.: 456219. A. 17. 5. 65. Gewinnung von Terephthalsäure. Erf.: *George P. Olsen*, *Philip H. Towle* u. *Richard H. Baldwin*. Inh.: Standard Oil Co., Chicago, Ill. A. 11. 7. 66, B. 24. 6. 69. Kl.: 260-525, Int. Kl.: C 07 c 63/26 u. B 01 d 9/02. 3 Anspr. A.-Z.: 564002.

Klasse 12 o, 21. Carbonsäuren mit ungesättigter Atomkette, z. B. Zimtsäure (teilweise)

DOS 1443697. Verfahren zur Herstellung ungesättigter Carbonsäuren. Erf.: *Edgar Koberstein*. Anm.: Deutsche Gold- u. Silber-Scheideanstalt vorm. Roessler, 6000 Frankfurt. A. 28. 2. 63, O. 13. 3. 69. Kl.: 12 o, 21. A.-Z.: P 1443697 (D 41001).

DOS 1495360. Verfahren zur Herstellung fester, bei Temperaturen unterhalb 50°C lager- und versandfähiger Lactam-Katalysator-Cokatalysator-Gemische. Erf.: *Helmut Birkner*, *Ulf Rohde-Liebenau*, *Leo Schmidt* u. *Karl Adolf Müller*. Anm.: Chemische Werke Hüls AG, 4370 Marl. A. 11. 5. 64, O. 10. 4. 69. Kl.: 12 p, 5. A.-Z.: P 1495360 (C 32861). Entspr. SzP 463112, FrP 1433780 u. GBP 1098938.

Klasse 29 a. Mechanische Gewinnung von Gespinstfasern.

OeP 275709. Verfahren zur Herstellung von Textilstoffen. Inh.: Courtaulds Ltd., London. A. 7. 10. 65, B. 15. 8. 69. Kl.: 29a, 7/08. A.-Z.: 9094/65.

DOS 1435324. Verfahren und Vorrichtung zum Naßspinnen von Lösungen synthetischer Polymerer, insbesondere zur Gewinnung von Fasern. Erf.: *Francesco Denti* u. *Vittorio Rocco Viscontini*. Anm.: Chatillon Soc. An. Italiana per le Fibre Tessili Artificiali S. p. A., Mailand (It). A. 21. 9. 63, O. 20. 3. 69. Kl.: 29a, 6/06. A.-Z.: P 1435324 (A 44113). Prior.: 27. 9. 62 (It; A.-Z.: 27531). Entspr. SvP 304348.

GBP 1157437. Verfahren zur Herstellung eines nichtgewebten, verschmolzenen Verbundstoffes. Inh.: Imperial Chemical Industries Ltd. A. 3. 12. 65, B. 9. 7. 69. Kl.: D 1. R., Int. Kl.: D 04 h 1/54. A.-Z.: 51434/65.

GBP 1161472. Konjugierte Fäden aus Polyamiden und Polyestern. Inh.: Imperial Chemical Industries Ltd. A. 7. 2. 67, B. 13. 8. 69. Kl.: B 5. B, Int. Kl.: D 01 f 7/04. A.-Z.: 8168/66. Entspr. FrP 1546479.

SzP 475374. Verfahren und Vorrichtung zur Herstellung von synthetischen Fäden sowie die hergestellten Fäden. Erf.: *Ferdinando Biffi*, *Erich Chesi* u. *Oreste Gallina Stresa*. Inh.: Bemberg S. p. A., via Brera 21, Mailand (It). A. 4. 10. 67. Int. Kl.: D 01 d 5/14. A.-Z.: 13867/67. Prior.: 7. 10. 66 (It; A.-Z.: 28649/66). Entspr. FrP 1542879.

USP 3452130 Zus. z. Pat. m. A.-Z.: 167083. A. 18. 1. 62. Verfahren zum Recken mit einer Düsenvorrichtung. Erf.: *Gilbert Pitzl.* Inh.: E. I. du Pont de Nemours & Co., Wilmington, Del. A. 2. 2. 67, B. 24. 6. 69. Kl.: 264-210, Int. Kl.: D 01 f 7/06 u. B 29 c 17/02. 5 Anspr. A.-Z.: 613607. A.-Z.: 167083 vgl. auch USP 3303169.

DOS 1435377. Herstellung von Fäden im Wege des Schmelzspinnens. Erf.: *Joseph Leo Kolloran* u. *Napoleon Lucien Larus.* Anm.: Canadian Celanese Ltd., Montreal (Ca). A. 27. 6. 60, O. 13. 3. 69. Kl.: 29a, 6/10. A.-Z.: P 1435377 (C 21786).

SUP 245971 (Urheberschein). Verfahren zur Kontrolle des Erspinnens von Synthesefaserstoff. Erf.: *A. S. Brovko, V. N. Dobrochotov, M. V. Markov* u. *I. P. Pantrop.* Anm.: Vsesojuznyj naučno-issledovatel'skij Institut mašin dlja proizvodstva sintetičeskich volokon. A. 6. 7. 67, B. 11. 6. 69. Kl.: 29a, 6/10, Int. Kl.: D 01 d. A.-Z.: 1171411/28-12.

SUP 248145 (Urheberschein). Fadenablegemechanismus. Erf.: *G. N. Černienko, R. T. Volynko* u. *A. G. Jas'kov.* Anm.: Vsesojuznyj naučno-issledovatel'skij Institut mašin dlja proizvodstva sintetičeskich volokon. A. 18. 1. 67, B. 10. 7. 69. Kl.: 29a, 6/15. A.-Z.: 1126335/2812.

DOS 1410415. Verfahren zur Herstellung von bauschigen Garnen und Fäden. Erf.: *Alfred Krabsch.* Anm.: Kunstseiden AG, Wuppertal. A. 18. 2. 58, O. 20. 3. 69. Kl.: 29a, 6/20. A.-Z.: P 1410415 (K 34111).

DOS 1435328. Verfahren zur Gewinnung synthetischer Fasern mit wollgleichen Eigenschaften. Erf.: *Francesco Denti* u. *Vittorio Rocco Viscontini.* Anm.: Chatillon Soc. An. Italiana per le Fibre Tessili Artificiali S. p. A., Mailand (It). A. 2. 3. 64, O. 13. 3. 69. Kl.: 29a, 6/20. A.-Z.: P 1435328 (A 45367).

DOS 1435499. Verfahren zur Garnherstellung. Erf.: *Yoshimasa Fujita, Kazumi Nakagawa, Keitaro Shimoda* u. *Koji Miyashita.* Anm.: Japan Exlan Co. Ltd., Osaka (Ja). A. 12. 7. 63, O. 10. 4. 69. Kl.: 29a, 6/20. A.-Z.: P 1435499 (J 24053). Prior.: 12. 7. 62 (Ja; A.-Z.: 29292). Entspr. USP 3330895.

JaP 7741/69. Konjugierter Faden. Inh.: Teijin Ltd. A. 15. 8. 66, B. 11. 4. 69. Kl.: 42 A. A.-Z.: 53616/66.

ČSP 132922. Verfahren und Vorrichtung, die einen kontrollierten Durchgang des Fasermaterials durch eine Fixier- und Kühlkammereinrichtung zur Formgebung von Fasermaterialien, besonders durch Stampfen, erlaubt. Erf.: *Miloslav Pávek* u. *Václav Zákora.* A. 10. 4. 67, B. 15. 12. 68. Kl.: 29a, 6/20, Int. Kl.: D 02 g. A.-Z.: 2574/67.

ČSP 132930. Verdrehungsmechanismus für Textilmaschinen, besonders für eine Maschine zur Kräuselung durch Falschdraht. Erf.: *František Adamec* u. *Miroslav Jungmann.* A. 24. 4. 67, B. 15. 12. 68. Kl.: 29a, 6/20, Int. Kl.: D 02 g. A.-Z.: 2967/67.

DOS 1496391. Verfahren und Einrichtung zur Herstellung von endlosen Fäden aus geschmolzenem Material. Erf.: *Jerry B. Holschlag.* Anm.: Owens-Corning Fiberglas Corp., Toledo, Ohio (US). A. 12. 6. 65, O. 3. 4. 69. Kl.: 29a, 6/30. A.-Z.: P 1496391 (010920).

DOS 1435459. Verfahren zur Herstellung von Fäden oder Filmen aus Polycarbonaten mit verbesserten mechanischen und technologischen Eigenschaften. Erf.: *Manfred Reichardt, Béla von Falkai, Alfred Reichle* u. *Wolfgang Rellensmann.* Anm.: Farbenfabriken Bayer AG, Leverkusen. A. 25. 9. 63, O. 20. 3. 69. Kl.: 29a, 6/31. A.-Z.: P 1435459 (F 40831). Entspr. FrP 1409092, GBP 1066187 u. USP 3329755.

DOS 1435353. Vorrichtung zum Verspinnen thermoplastischer Kunststoffe. Erf.: *Heinz Schippers.* Anm.: Barmag Barmer Maschinenfabrik AG, 5630 Remscheid-Lennep. A. 3. 8. 63, O. 13. 3. 69. Kl.: 29a, 6/31. A.-Z.: P 1435353 (B 72987). Entspr. SzP 419436, FrP 1402629 u. USP 3295160.

DOS 1435363. Vorrichtung zum Fördern bzw. Strecken von laufenden synthetischen Chemiefäden. Erf.: *Heinz Schippers.* Anm.: Barmag Barmer Maschinenfabrik AG, 5630 Remscheid-Lennep. A. 13. 5. 64, O. 13. 3. 69. Kl.: 29a, 6/31. A.-Z.: P 1435363 (B 76743). Entspr. FrP 1437794 u. GBP 1101735.

DOS 1435682. Verfahren und Vorrichtung zur kontinuierlichen Herstellung von Fäden aus synthetischen Linearpolymeren. Erf.: *Piero Giacobone, Domenico Nicita, Paolo Barmeggiani* u. *Pierluigi Perazzoni.* Anm.: Snia Viscosa Società Nazionale Industria Applicazioni Viscosa S. p. A., Mailand (It). A. 17. 4. 64, O. 20. 3. 69. Kl.: 29a, 6/31. A.-Z.: P 1435682 (S 90612). Prior.: 17. 4. 63 (It; A.-Z.: 7964). Entspr. FrP 1421298 u. GBP 1034401.

GBP 1161384. Herstellung synthetischer Faserstoffe. Inh.: Vsesojuzny Nauchno-Issledovatelsky Institut Mashin Dlya Proizvodstva Sinteticheskikh Volokon. A. 4. 9. 67, B. 13. 8. 69. Kl.: B 5. B, Int. Kl.: D 01 d 5/10. A.-Z.: 40330/67.

SUP 245973 (Urheberschein). Vorrichtung zur Abkühlung aus einer Polymerschmelze ersponnenenen Fäden durch einen Luftstrom. Erf.: *A. P. Zajcev.* Inh.: Vsesojuznyj naučno-issledovatel'skij Institut mašin dlja proizvodstva sintetičeskich volokon. A. 17. 4. 67, B. 11. 6. 69. Kl.: 29a, 6/31. Int. Kl.: D 01 d. A.-Z.: 1149700/28-12.

Klasse 29b. Chemische Gewinnung bzw. Herstellung von Spinnfasern und Fäden sowie ihre Präparation für die textile Weiterverarbeitung

DAS 1294590. Verfahren zum Herstellen von Fäden oder Fasern aus regenerierter Cellulose. Erf.: *Kagenobu Inoshita, Tsutomu Saijo* u. *Masaki Kajiue.* Anm.: Toyo Spinning Co. Ltd., Osaka (Ja). A. 16. 5. 63, B. 8. 5. 69. Kl.: 29b, 3/20. A.-Z.: P 1294590 (T 24006). Prior.: 16. 5. 62 (Ja; A.-Z.: 20025). Entspr. SzP 431802, FrP 1365396, GBP 1002621 u. USP 3324216.

GBP 1156588. Feuerbeständiger Viskosefaserstoff. Inh.: Kokoku Rayon & Pulp Co. Ltd. A. 24. 10. 67, B. 2. 7. 69. Kl.: B 5. B, Int. Kl.: D 01 f 3/10. A.-Z.: 48168/67.

GBP 1158231. Herstellung von Fäden aus regenerierter Cellulose. Inh.: Courtaulds Ltd. A. 6. 10. 65, B. 16. 7. 69. Kl.: B 5. B, Int. Kl.: D 01 f 3/12. A.-Z.: 42376/65. Entspr. FrP 1495909, S. 76/68.

SUP 245975 (Urheberschein). Verfahren zur Herstellung modifizierter Fäden. Erf.: *G. Rachmanberdiev, B. A. Zajcev, T. I. Rožanskaja, K. N. Sazonova, G. A. Petropavlovskij* u. *G. A. Štrajchman.* Anm.: Institut vysokomolekuljarnych soedinenij AN SSSR. A. 19. 10. 67, B. 11. 6. 69. Kl.: 29b, 3/30 (39b, 12/01). Int. Kl.: D 01 f u. C 08 b. A.-Z.: 1191669/23-5.

DOS 1469091. Mit sauren Farbstoffen färbbare Fäden und ähnliche Gebilde aus Polyestern. Erf.: *Derek Kingston.* Anm.: Imperial Chemical Industries Ltd., London. A. 23. 11. 62, O. 3. 4. 69. Kl.: 29b, 3/60. A.-Z.: P 1469091 (I 22703).

DAS 1297278. Verfahren zur Verbesserung der Eigenschaften von Fäden und Folien aus linearen hochmolekularen, synthetischen Polymeren. Erf.: *Rosl Kretsch, Walter Dürsch* u. *Claus Beermann.* Anm.: Farbwerke Hoechst AG vorm. Meister Lucius & Brüning, 6000 Frankfurt. A. 7. 2. 64, B. 12. 6. 69. Kl.: 29b, 3/60 (29b, 3/65, 39b5, 37/00, 39b5, 29/00). A.-Z.: P 1297278 (F 41943). Entspr. FrP 1424167 u. GBP 1102351.

GBP 1157433. Polyesterfaserstoffe. Inh.: Imperial Chemical Industries Ltd. A. 6. 10. 65, B. 9. 7. 69. Kl.: B 5. B, Int. Kl.: D 01 f 7/04. A.-Z.: 42417/65.

JaP 7746/69. Latent texturierter konjugierter Faden. Inh.: Kurashiki Rayon Co. Ltd. A. 3. 2. 65, B. 11. 4. 69. Kl.: 42 D. A.-Z.: 5747/65.

DAS 1293391. Verfahren zur Rückgewinnung von Dimethylformamid aus Koagulations- und Streckbädern. Erf.: *Alberto Pasin.* Anm.: Snia Viscosa Società Nazionale Industria Applicazioni Viskosa S. p. A., Mailand (It). A. 22. 10. 63, B. 24. 4. 69. Kl.: 29b, 3/65. A.-Z.: P 1293391 (S 87982). Prior.: 22. 10. 62 (It; A.-Z.: 20682). Entspr. FrP 1371730 u. GBP 1016505.

DAS 1295749. Verfahren zur Herstellung von Textilfasern oder Folien mit verbesserter Anfärbbarkeit. Erf.: *Giuseppe Cantatore.* Anm.: Montecatini Soc. Gen. per l'Industria Mineraria e Chimica, Mailand (It). A. 16. 9. 64, O. 22. 5. 69. Kl.: 29b, 3/65 (39b4, 29/10). A.-Z.: P 1295749 (M 62445). Prior.: 18. 9. 63 (It; A.-Z.: 19060). Entspr. FrP 1407597, GBP 1052319 u. USP 3331888.

SUP 245976 (Urheberschein). Verfahren zur Herstellung von modifizierten Faserstoffen auf der Basis von Polyacrylnitril bzw. Acrylnitrilcopolymeren. Erf.: *M. A. Žarkova, G. A. Mičurina, G. I. Kudrjavcev* u. *V. S. Klimenkov.* A. 28. 3. 68, B. 11. 6. 69. Kl.: 29b, 3/65, Int. Kl.: D 01 f. A.-Z.: 1228917/23-5.

Klasse 32a, 37/00. Herstellung von Fasern oder Fäden aus flüssigem Glas, flüssigen Mineralien oder flüssiger Schlacke

DAS 1293399. Schmelzeinrichtung mit direkter elektrischer Widerstandsheizung zur Herstellung von Fäden und Fasern aus vorzugsweise hochschmelzenden Stoffen. Erf. u. Anm.: *Alfred Walz.* 7830 Emmendingen. A. 25. 3. 66, B. 24. 4. 69. Kl.: 32a, 37/00. A.-Z.: P 1293399 (W 41224).

SUP 246011 (Urheberschein). Elektrisch beheiztbare Düsenzuführung aus Platin/Rhodium. Erf.: *Ju. L. Spirin* u. *N. N. Zacharov.* A. 30. 10. 63, B. 11. 6. 69. Kl.: 32a, 37/08, Int. Kl.: C 03 b. A.-Z.: 863671/28-12.

DAS 1293972 Zus. z. Anm. 1293399. Schmelzeinrichtung mit direkter elektrischer Widerstandsheizung für vorzugsweise hochschmelzbare Stoffe. Erf. u. Anm.: *Alfred Walz.* 7830 Emmendingen. A. 1. 6. 66, B. 30. 4. 69. Kl.: 32a, 37/00. A.-Z.: P 1293972 (W 41713).

Klasse 39b. Makromolekulare Verbindungen; ihre Herstellung und chemische Verarbeitung; Massen auf der Grundlage derartiger Verbindungen

Klasse 39b1. Polysaccharide und deren Derivate

OeP 275925. Verfahren und Vorrichtung zur Bestimmung der Reifheit von Viscose mittels Koagulation. Inh.: Algemene Kunstzijde Unie N. V., Arnhem (Nd). A. 25. 10. 66, B. 15. 8. 69. Kl.: 42n, 6. A.-Z.: 9971/66. Prior.: 27. 10. 65 (Nd).

USP 3451998. Neutralisieren von Hydroxyalkylcellulose. Erf.: *William J. Alexander, Charles F. Murphy* u. *Thomas E. McEniry jr.* Inh.: ITT Rayonier Inc., New York, N. Y. A. 28. 12. 65, B. 24. 6. 69. Kl.: 260-231, Int. Kl.: C 08 b 11/20 u. 11/08. 3 Anspr. A.-Z.: 517094. Entspr. SzP SzP 464169, FrP 1503208 u. GBP 1125638.

USP 3451999. Entfernung von aromatischen Kohlenwasserstoffen aus Carboxymethylcellulose. Erf.: *Richard L. Evans.* Inh.: E. I. du Pont de Nemours & Co., Wilmington, Del. A. 10. 11. 65, B. 24. 6. 69. Kl.: 260-232, Int. Kl.: C 08 b 11/20. 7 Anspr. A.-Z.: 507142. Entspr. FrP 1522242 u. GBP 1131252.

Klasse 39b3. Synthesekautschuk

DOS 1495370. Verfahren zur definierten Erhöhung des Molekulargewichtes ungesättigter, polymerer Kohlenwasserstoffe. Erf.: *Johannes Schäfer, Gerhard Berg* u. *Kurt Benedikter.* Anm.: Chemische Werke Hüls AG, 4370 Marl. A. 30. 7. 64, O. 3. 4. 69. Kl.: 39b3, 5/02. A.-Z.: P 1495370 (C 33529). Entspr. GBP 1108585.

DOS 1495387. Verfahren zur definierten Erhöhung des Molekulargewichtes ungesättigter polymerer Kohlenwasserstoffe. Erf.: *Johannes Schäfer, Frederico Engel* u. *Gerhard Berg.* Anm.: Chemische Werke Hüls AG, 4370 Marl. A. 14. 10. 64, O. 3. 4. 69. Kl.: 39b3, 5/02. A.-Z.: P 1495387 (C 34090). Entspr. FrP 1449382 u. GBP 1115782.

Klasse 39b4. Polymerisationsprodukte

SzP 476032. Verfahren zur Telomerisation von Äthylen. Erf.: *Erwin Weinrich* u. *Manfred Budnowski.* Inh.: Henkel & Cie. GmbH, Düsseldorf-Holthausen, Henkelstraße 67 (DB). A. 28. 8. 64. Int. Kl.: C 08 f 1/00 u. C 08 f 3/04. A.-Z.: H 50144 IVd/39c). Entspr. FrP 1410468 u. GBP 1028615.

DOS 1495160. Verfahren zur Polymerisation olefinisch ungesättigter Verbindungen und Verwendung von pi-Olefinkomplexen als Polymerisationsinitiatoren. Erf.: *Herbert Naarmann, Hermann Pankraz, Hofmann* u. *Ernst-Günther Kastning* †. Anm.: Badische Anilin- & Soda-Fabrik AG, 6700 Ludwigshafen. A. 28. 2. 64, O. 27. 3. 69. Kl.: 39b4, 1/28. A.-Z.: P 1495160 (B 75639). Entspr. SzP 472440, FrP 1425794 u. GBP 1089465.

DOS 1520513. Verfahren zur Behandlung von Polymerisatlösungen. Erf.: *Hugh K. Coulthart.* Anm.: Polymer Corp. Ltd., Sarnia, Ontario (Ca). A. 4. 12. 62, O. 10. 4. 69. Kl.: 39b4, 1/28. A.-Z.: P 1520513 (P 30696). Prior.: 5. 12. 61 (Ca; A.-Z.: 837488). Entspr. FrP 1356944 u. GBP 957657.

GBP 1157925. Polymerisationskatalysatoren. Inh.: British Petroleum Co. Ltd. A. 27. 6. 66, B. 9. 7. 69. Kl.: C 1. A, Int. Kl.: C 01 f 5/26. A.-Z.: 28602/66. Entspr. FrP 1524776.

GBP 1157926. Polymerisationsverfahren. Inh.: British Petroleum Co. Ltd. A. 23. 12. 66, B. 9. 7. 69. Kl.: C 3. P, Int. Kl.: C 08 f 1/28. A.-Z.: 57641/66.

USP 3451988 Zus. z Pat. m. A.-Z.: 266188. A. 19. 3. 63; u. Pat. m. A.-Z.: 290315. A. 25. 6. 63. Polymerisationskatalysator und seine Einsatzmöglichkeiten. Erf.: *Arthur W. Langer jr.* Inh.: Esso Research and Engineering Co. A. 25. 10. 66, B. 24. 6. 69. Kl.: 260-94, 6, Int. Kl.: C 08 f 1/28, 3/06 u. C 08 d 1/14. 20 Anspr. A.-Z.: 589240. A.-Z.: 266188 u. 290315 entspr. FrP 1425276 u. GBP 1051269.

USP 3451981 Zus. z. Pat. m. A.-Z.: 470899. A. 9. 7. 65. Polymerisation von Vinylchlorid und Mischungen von Vinylacetat und Äthylen mit tertiären Alkyl-per-3-alkenoaten als Katalysatoren. Erf.: *Louis J. Rekers, Irving L. Mador* u. *Ragnar S. Solvik*. Inh.: National Distillers and Chemical Corp., New York, N. Y. A. 29. 6. 66, B. 24. 6. 69. Kl.: 260-87, 3, Int. Kl.: C 08 f 1/60, 3/30 u. 3/04. 10 Anspr. A.-Z.: 561378. A.-Z.: 470899 vgl. auch USP 3451989. Entspr. FrP 1486783 u. GBP 1079725.

DOS 1495505. Verfahren und Vorrichtung zum Einengen thermoplastischer Polymerlösungen. Erf.: *Elred Leroy Dance*. Anm.: Dow Chemical Co., Midland, Mich. (US). A. 16. 3. 64, O. 10. 4. 69. Kl.: 39b4, 1/88. A.-Z.: P 1495505 (D 43896). Prior.: 26. 4. 63 (US; A.-Z.: 275832). Entspr. FrP 1533162 u. GBP 1003565.

PoP 58117. Verfahren zur Abtrennung hochmolekularer Substanzen aus Lösungen und Anlage zur Anwendung dieses Verfahrens. Erf.: *Tadeusz Zawada, Józef Obłój, Roman John, Ludwik Orłowski* u. *Ludwik Szander*. Inh.: Instytut Ciezkiej Syntezy Organicznej, Blachownia Šlaska (Po). A. 9. 9. 65. Kl.: 39c, 25/01.

DOS 1495540. Verfahren zur Herstellung von gesättigten und ungesättigten Olefin-Copolymeren mit bestimmten mittleren Molekulargewichten. Erf.: *Rudolf Hank* u. *Gerhard Degler*. Anm.: Dunlop AG, 6450 Hanau. A. 14. 8. 64, O. 10. 4. 69. Kl.: 39b4, 3/02. A.-Z.: P 1495540 (D 45194). Entspr. FrP 1445080 u. GBP 1113948.

DOS 1495107. Verfahren zur Polymerisation von Äthylen unter hohem Druck. Erf.: *Klaus Kinkel, Helmut Pfannmüller, Peter Roder, Rudi-Heinz Rotzoll, Manfred Tittel, Friedrich Urban* u. *Wieland Zacher*. Anm.: Badische Anilin- & Soda-Fabrik AG, 6700 Ludwigshafen. A. 29. 8. 62, O. 27. 3. 69. Kl.: 39b4. 3/04. A.-Z.: P 1495107 (B 68614). Entspr. FrP 1367928, GBP 1047957 u. USP 3317504.

OeP 275858. Verfahren zur Herstellung von Vinylchloridpolymeren. Erf.: *Sergio Lo Monaco, Paolo Melacini, Giancarlo Borsini, Francesco Visani* u. *Luigi Ciligot Magagnin*. Inh.: Montecatini Edison S. p. A.; u. „Chatillon“ Soc. An. Italiana per le Fibre Tessili Artificiali S. p. A., Mailand. A. 16. 12. 66, B. 15. 8. 69. Kl.: 39b, 14. A.-Z.: 11622/66. Prior.: 17. 12. 65 (It).

DOS 1495429. Verfahren zum Polymerisiern von Acrolein. Erf.: *Karl-Heinz Rink*. Anm.: Deutsche Gold- u. Silber-Scheideanstalt vorm. Roessler, 6000 Frankfurt. A. 8. 10. 62, O. 17. 4. 69. Kl.: 39b4, 3/40. A.-Z.: P 1495429 (D 39998). Entspr. FrP 1375851 u. GBP 993094.

DAS 1297864. Verfahren zur Herstellung von Mischpolymerisaten. Erf.: *Rolf Zimmermann* u. *Hermann Hotze*. Anm.: Chemische Werke Albert, 6202 Wiesbaden-Biebrich. A. 23. 3. 63, B. 19. 6. 69. Kl.: 39b4, 3/40. A.-Z.: P 1297864 (C 29458). Entspr. FrP 1385964 u. GBP 1026153.

USP 3451977. Verfahren zur Polymerisation von 2-Methylenglutarsäurenitril. Erf.: *John M. Hoyt* u. *Karl Koch*. Inh.: National Distillers and Chemical Corp., New York, N. Y. A. 27. 7. 64, B. 24. 6. 69. Kl.: 260-78, 4, Int. Kl.: C 08 f 3/74, 15/40 u. 15/22. 11 Anspr. A.-Z.: 385470. Entspr. FrP 1452716.

DOS 1520242. Verfahren zur Herstellung von thermisch hochstabilem Polymethacrylnitril. Erf.: *Giulio Natta, Giorgio Mazzanti* u. *Gino Dall'Asta*. Anm.: Montecatini Soc. Gen. per l'Industria Mineraria e Chimica, Mailand (It). A. 12. 12. 61, O. 6. 3. 69. Kl.: 39b4, 3/78. A.-Z.: P 1520242 (M 51150). Prior.: 14. 12. 60 (It; A.-Z.: 21506). Entspr. SzP 423260 u. USP 3231552.

OeP 275852. Verfahren zur Herstellung von Mischpolymerisaten kontrollierten Molekulargewichts. Inh.: National Distillers and Chemical Corp., New York. A. 17. 7. 64, B. 15. 8. 69. Kl.: 39b, 12. A.-Z.: 1986/67.

GBP 1156696. Herstellung von β-Acrylamid/Propionamid sowie Polymere daraus. Inh.: Ferrania S. p. A. A. 15. 8. 66, B. 2. 7. 69. Kl.: C 2. C, Int. Kl.: C 07 c 103/58. A.-Z.: 36478/66. Prior.: 23. 10. 65 (It; A.-Z.: 23329).

DOS 1520316. Verfahren zur Herstellung von Blockcopolymeren. Erf.: *Sanae Tanaka, Akiya Nakamura, Hiroyuki Morikawa* u. *Etsuro Kubo*. Anm.: Mitsubishi Petrolchemical Co. Ltd., Tokio. A. 12. 7. 63, O. 17. 4. 69. Kl.: 39b4, 15/02. A.-Z.: P 1520316 (M 57482). Prior.: 12. 7. 62 (Ja; A.-Z.: 28728). Entspr. GBP 1010740.

DOS 1495105. Verfahren zur Herstellung von Block-Copolymerisaten aus Monoolefinen. Erf.: *Karl-Heinz Ambil, Karl-Friedrich Hansen, Joachim Stedefeder* u. *Heinz Weber*. Anm.: Badische Anilin- & Soda-Fabrik AG, 6700 Ludwigshafen. A. 14. 8. 62, O. 13. 3. 69. Kl.: 39b4, 15/04. A.-Z.: P 1495105 (B 68423). Entspr. FrP 1365872.

DOS 1520322. Neue Elastomere und Verfahren zu ihrer Herstellung. Erf.: *Giulio Natta, Giorgio Mazzanti, Alberto Valvassori, Guido Sartori* u. *Nazareno Cameli*. Anm.: Montecatini Soc. Gen. per l'Industria Mineraria e Chimica. Mailand (It). A. 13. 8. 63, O. 20. 3. 69. Kl.: 39b4, 15/40. A.-Z.: P 1520322 (M 57818). Prior.: 17. 8. 62 (It; A.-Z.: 16495). Entspr. SzP 445862, FrP 1371435 u. GBP 975724.

DOS 1520341 Zus. z. Anm. 1520295. Verfahren zur Herstellung von elastomeren Produkten. Erf.: *Giulio Natta, Giorgio Mazzanti, Alberto Valvassori* u. *Guido Sartori*. Anm.: Montecatini Soc. Gen. per l'Industria Mineraria e Chimica, Mailand (I). A. 10. 10. 63, O. 17. 4. 69. Kl.: 39b4, 19/00. A.-Z.: P 1520341 (M 58476). Prior.: 11. 10. 62 (It; A.-Z.: 20006). Entspr. FrP 84657, GBP 1023285 u. SvP 310424.

DOS 1520675. Verfahren zum Herstellen von Mischpolymerisaten. Erf.: *Horst Dalibor*. Anm.: Reichhold-Albert-Chemie AG, 2000 Hamburg. A. 7. 11. 63, O. 17. 4. 69. Kl.: 39b4, 21/00. A.-Z.: P 1520675 (R 36506). Entspr. FrP 1423750 u. USP 3287292.

DOS 1495283. Verfahren zur Herstellung von Latices aus chlorierten Niederdruck-Polyolefin-Copolymerisaten. Erf.: *Gerhard Berg, Kurt Benedikter* u. *Karl-Otto Hagel*. Anm.: Chemische Werke Hüls AG, 4370 Marl. A. 22. 2. 63, O. 6. 3. 69. Kl.: 39b4, 27/00. A.-Z.: P 1495283 (C 29225). Entspr. FrP 1381025 u. GBP 1046490.

PoP 58123. Verfahren zur Modifikation und Plastifikation von Polyvinylchlorid. Erf.: *Jan Pielichowski, Kazimierz Fraczek* u. *Andrzej Puszyński*. Inh.: Instytut Ciezkiej Syntezy Organicznej, Blachownia Šlaska (Po) A. 25. 8. 66. Kl.: 39b, 22/06.

SUP 246827 (Urheberschein). Verfahren zum Modifizieren von Polyolefinen. Erf.: *V. E. Gul'* u. *V. Ja. Bulgakov*. A. 17. 6. 68, B. 20. 6. 69. Kl.: 39b, 22/06. A.-Z.: 1247513/23-5.

USP 3453248 Zus. z. Pat. m. A.-Z.: 452921. A. 3. 5. 65; u. Pat. m. A.-Z.: 405570. A. 21. 10. 64. Hauptsächlich aus Kohlenwasserstoffpolymeren und einer Organosiliciumverbindung bestehende Komposition. Erf.: *William G. Gowdy* u. *Joseph W. Keil*. Inh.: Dow Corning Corp., Midland, Mich. A. 12. 11. 65, B. 1. 7. 69. Kl.: 260-79, 5, Int. Kl.: C 08 f 27/07 u. 47/12. 6 Anspr. A.-Z.: 507549. A.-Z.: 405570 u. 452921 entspr. FrP 1459124.

DAS 1282917. Mittel zum Stabilisieren wäßriger Emulsionen von Vinylpolymeren. Erf.: *Eugène Priotte*. Anm.: UCB (Union Chimique-Chemische Bedrijven) Soc. An., Saint-Gille-lez-Bruxelles (Be). A. 24. 10. 62, B. 14. 11. 68. Kl.: 39b4, 29/00 (39b4, 37/00 u. 39b4, 47/18). A.-Z.: P 1292917 (U 9338). Prior.: 24. 10. 61 (Be; A.-Z.: 38068).

DAS 1283507. Stabilisierte Formmassen aus mindestens einem Mono- oder Mischpolymerisat von Monoolefinen. Erf.: *Kurt Werner Leu*. Anm.: Shell Internationale Research Maatschappij N. V., Den Haag (Nd). A. 12. 12. 63, B. 20. 2. 69. Kl.: 39b4, 29/02 (39b4, 45/60). A.-Z.: P 1283507 (S 88696). Prior.: 14. 12. 62 u. 31. 1. 63 (Nd; A.-Z.: 286790, 288391 u. 288393). Entspr. GBP 995484 u. SvP 208224. A.-Z.: 288393 entspr. USP 3296188.

SUP 248202 (Urheberschein). Verfahren zum Stabilisieren von Polyolefinen. Erf.: *I. M. Orudževa, A. A. Bunijat-Zade, A. A. Vagabova* u. *E. L. Bulatnikova*. A. 29. 5. 67, B. 10. 7. 69. Kl.: 39b, 22/06. A.-Z.: 1160525/23-5.

GBP 1157500. Färben von Olefinpolymeren. Inh.: Montecatini Edison S. p. A. A. 3. 3. 67, B. 9. 7. 69. Kl.: C 3. P, Int. Kl.: C 08 f 29/12. A.-Z.: 10322/67. Prior.: 7. 3. 66 (It: A.-Z.: 5273).

DOS 1494040. Verfahren zum Vernetzen von Polymeren und Mischpolymeren des Vinylchlorids. Erf.: *Sakae Takahashi, Hiroshi Nishimura* u. *Mitsuo Inui*. Anm.: The Furukawa Electric Co. Ltd., Tokio. A. 18. 7. 62, O. 3. 4. 69. Kl.: 39b4, 29/18. A.-Z.: P 1494040 (F 37353). Prior.: 19. 7. 61 (Ja; A.-Z.: 25979).

DAS 1283514. Verfahren zur Änderung der mechanischen Eigenschaften von Vinylchloridpolymerisat-Formkörpern. Erf.: *Rudolf Nagelschmidt* u. *Max Goecke*. Anm.: Deutsche Gold- und Silber-Scheideanstalt vorm. Roessler, 6000 Frankfurt. A. 17. 9. 58, B. 21. 11. 68. Kl.: 39b4, 29/18 (39b4, 35/72). A.-Z.: P 1283514 (D 28974).

DAS 1288305. Lösungsmittel für makromolekulare Polyacroleine. Erf.: *Ilse Ursula Nebel* u. *Gerhard Bier*. Anm.: Dynamit Nobel AG, 5210 Troisdorf. A. 5. 8. 64, B. 30. 1. 69. Kl.: 39b4, 29/36 (39b4, 45/24). A.-Z.: P 1288305 (D 45115). Entspr. FrP 1455975 u. GBP 1040870.

DAS 1282932. Verfahren zur Herstellung von Lösungen aus Acrylnitrilpolymerisaten in organischen Lösungsmitteln. Erf.: *Heino Logemann* u. *Carlhans Süling*. Anm.: Farbenfabriken Bayer AG, 5090 Leverkusen. A. 7. 8. 62, B. 14. 11. 68. Kl.: 39b4, 29/54 (39b4, 45/56 u. 39b4, 45/58). A.-Z.: P 1282932. (F 37539). Entspr. FrP 1365150.

DDP 67581. Verfahren zur Wärme- und Lichtstabilisierung von halogenhaltigen Polymeren. Erf. u. Inh.: *Irmgard Koch, Freimut Heibel, Peter Klimsch* u. *Peter Kühnert*, Nitschareuth üb. Greiz. A. 20. 5. 68, B. 20. 6. 69. Kl.: 39b4, 45/54, A.-Z.: WP 39b/132267.

Klasse 39b5. Polykondensations- und Polyadditionsprodukte

OeP 275860. Verfahren zur Herstellung von festen Elastomerprodukten. Inh.: Solvay & Cie., Brüssel. A. 20. 4. 67, B. 15. 8. 69. Kl.: 39b, 14. A.-Z.: 3756/67. Prior.: 18. 10. 66 u. 21. 4. 66 (Nd).

PoP 57935. Verfahren zur Herstellung hitzefester hochmolekularer Polyacetale. Erf.: *Stanisław Penczek, Jerzy Fejgin, Wanda Sadowska* u. *Maria Tomaszewicz*. Inh.: Instytut Tworzyw Sztucznych, Warschau (Po). A. 19. 1. 67. Kl.: 39c, 30.

DOS 1495727. Verfahren zur Herstellung von stabilisierten Mischpolymerisaten des Trioxans. Erf.: *Wolfgang von der Emden, Kuno Wagner* u. *Ernst-Ulrich Köcher*. Anm.: Farbenfabriken Bayer AG, 5090 Leverkusen. A. 6. 7. 63, B. 10. 4. 69. Kl.: 39b5, 1/04. A.-Z.: P 1495727 (F 40169). Entspr. SzP 469038 u. FrP 1404007.

DOS 1495656. Verfahren zur Herstellung von Copolymerisaten. Erf.: *Klemens Gutweiler, Edgar Fischer, Klaus Küllmar* u. *Gerhard Bier*. Anm.: Farbwerke Hoechst AG vorm. Meister Lucius & Brüning, 6000 Frankfurt. A. 27. 10. 61, O. 10. 4. 69. Kl.: 39b5, 1/12. A.-Z.: P 1495656 (F 35229). Entspr. SzP 432852, GBP 1010072 u. USP 3256246.

PoP 57936. Verfahren zur Herstellung thermisch stabiler Polyacetale von Trioxancopolymeren mit cyclischen Comonomeren. Erf.: *Stanisław Penczek, Jerzy Fejgin, Maria Tomaszewicz* u. *Wanda Sadowska*. Inh.: Instytut Tworzyw Sztucznych, Warschau (Po). A. 13. 5. 66. Kl.: 39c, 30.

DOS 1520692. Verfahren zur Herstellung von wasserunlöslichen, in organischen Mitteln löslichen, verätherten Aminotriazinharzen. Erf.: *Wilhelm Becker*. Anm.: Reichhold-Albert-Chemie AG, 2000 Hamburg. A. 9. 4. 64, O. 17. 4. 69. Kl.: 39b5, 9/28. A.-Z.: P 1520692 (R 37661). Entspr. FrP 1426435.

GBP 1157796. Herstellung von Melaminderivaten, die mit Fettsäuregruppen modifiziert sind. Inh.: Chemische Fabrik Pfersee GmbH. A. 12. 10. 66, B. 9. 7. 69. Kl.: C 3. R, Int. Kl.: C 08 g 9/30. A.-Z.: 45680/66.

SUP 246047 (Urheberschein). Verfahren zur Herstellung von Polyestern mit Triazinringen. Erf.: *T. V. Devdariani, D. F. Kutepov* u. *S. P. Grišin*. Anm.: Moskovskij chimiko-technologičeskij Institut Im. D. I. Mendeleeva. A. 18. 12. 67, B. 11. 6. 69. Kl.: 39c, 16, Int. Kl.: C 08 g. A.-Z.: 1204423 (unter Einbeziehung d. Anm. 1204427/23-5).

DOS 1445323. Verfahren zur Herstellung von Polyäthylenglykolphthalaten oder diese enthaltende definierte Polymischester. Erf.: *Ewald Katzschmann*. Anm.: Chemische Werke Witten GmbH, 5800 Witten. A. 23. 12. 61, O. 27. 3. 69. Kl.: 39b5, 17/003. A.-Z.: P 1445323 (C 25829). Entspr. SzP 442749 u. GBP 1017553.

DOS 1495282 Zus. z. Anm. 1445311. Verfahren zur Herstellung von Polyesterharzen. Erf.: *Gerhard Stieger* u. *Josef Flasch*. Anm.: Chemische Werke Albert, 6202 Wiesbaden-Biebrich. A. 9. 2. 63, O. 27. 3. 69. Kl.: 39b5, 17/003. A.-Z.: P 1495282 (C 29117). Entspr. FrP 85332 u. GBP 1022270.

DOS 1495665. Verfahren und Vorrichtung zum kontinuierlichen Durchsatz von Schmelzen durch eine Reaktionsvorrichtung bei der Herstellung von Polykondensationsprodukten. Erf.: *Ditmar Bachmann* †, *Helmut Gerstenberg, Karlheinz Grafen* u. *Emmerich Paszthory*. Anm.: Farbwerke Hoechst AG vorm. Meister Lucius & Brüning, 6000 Frankfurt. A. 2. 2. 62, O. 10. 4. 69. Kl.: 39b5, 17/003. A.-Z.: P 1495665 (F 35903). Entspr. SzP 423243, GBP 1038942 u. USP 3337508.

USP 3453240. Behandlung von Polyesterharz mit Äthylenglykol. Erf.: *Bernard J. Plaster* u. *Richard J. Stein*. Inh.: The Goodyear Tire & Rubber Co., Akron, Ohio. A. 24. 9. 64, B. 1. 7. 69. Kl.: 260-75, Int. Kl.: C 08 g 17/01 u. 17/003. 5 Anspr. A.-Z.: 398937. Entspr. FrP 1446811 u. GBP 1101900.

DAS 1286751. Verfahren zur Herstellung ungesättigter, verzweigter Polykondensate. Erf.: *Hans-Joachim Beck* u. *Hans Dannenbaum*. Anm.: Dr. Beck & Co. AG, 2000 Hamburg. A. 23. 5. 61, B. 9. 1. 69. Kl.: 39b5, 17/10 (39b5, 20/30). A.-Z.: P 1286751 (B 62599). Entspr. SzP 455287 u. GBP 1008958.

DOS 1495701. Verfahren zum Beschleunigen des Umesterungsverfahrens zur Herstellung hochmolekularer thermoplastischer Polycarbonate. Erf.: *Hermann Schnell, Klaus Prater* u. *Hans Rudolph*. Anm.: Farbenfabriken Bayer AG, 5090 Leverkusen. A. 26. 11. 62, O. 3. 4. 69. Kl.: 39b5, 17/13. A.-Z.: P 1495701 (F 38394). Entspr. FrP 1374030 u. GBP 1026151.

JaP 7957/69. Triäthylendiamin/Phthalsäureanhydrid-Copolymere. Inh.: Seisan Kaihatsu Kagaku Kenkyusho. A. 11. 6. 65, B. 14. 4. 69. A.-Z.: 34761/65.

USP 3451975. Verfahren zur Polymerisation von Lactamen. Erf.: *Istvan Gaspar* u. *Antal Schnitta*. Inh.: Licencia Talalmanyokat Ertekesito Vallalat, Budapest (Ung.) A. 12. 4. 65, B. 24. 6. 69. Kl.: 260-78, Int. Kl.: C 08 g 20/10. 6 Anspr. A.-Z.: 447523. Prior.: 17. 4. 64 u. 5. 4. 65 (Un; A.-Z.: GA-736 u. Schi-84). Entspr. FrP 1429976 u. GBP 1107217.

USP 3451976 Zus. z. Pat. m. A.-Z.: 271026. A. 5. 4. 63. Kontinuierliche anionische Polymerisation von Lactamen. Erf.: *Bennie M. Lucas*. Inh.: The Polymer Corp., Reading, Pa. A. 10. 10. 66, B. 24. 6. 69. Kl.: 260-78, Int. Kl.: C 08 g 20/10 u. 20/14. 8 Anspr. A.-Z.: 585361. A.-Z.: 271026 entspr. FrP 1387000 u. GBP 1058492.

DOS 1495375. Verfahren zur Herstellung von Polyamiden aliphatischer oder cycloaliphatischer Dicarbonsäuren in feinkörniger Form. Erf.: *Wolfgang Wolfes, Gustav Renckhoff* u. *Hans-Leo Hülsmann*. Anm.: Chemische Werke Witten GmbH, 5810 Witten. A. 5. 8. 64, O. 27. 3. 69. Kl.: 39b5, 20/20. A.-Z.: P 1495375 (C 33572). Entspr. DDP 43279, SzP 439738, FrP 1442049 u. GBP 1100375.

DOS 1495803. Verfahren zur Herstellung von Polykondensationsprodukten. Erf.: *Wolfgang Heydkamp, Erwin Müller* u. *Otto Baxer*. Anm.: Farbenfabriken Bayer AG, 5090 Leverkusen. A. 15. 5. 64, O. 3. 4. 69. Kl.: 39b5, 20/20. A.-Z.: P 1495803 (F 42892). Entspr. FrP 1432427 u. GBP 1066666.

GBP 1161124. Polyamide und ihre Herstellung. Inh.: Imperial Chemical Industries Ltd. A. 20. 7. 67, B. 13. 8. 69. Kl.: C 3. R, Int. Kl.: C 08 g 20/20. A.-Z.: 34802/66. Entspr. FrP 1533604.

Klasse 39b6. Makromolekulare Verbindungen, die nicht anderweitig vorgesehen sind; Massen auf der Grundlage dieser Verbindungen

DOS 1470904. Verfahren zur Steigerung der Löslichkeit von an sich unlöslichen Kollagenfasern. Erf.: *Tomio Nishihara*. Anm.: Nihon Hikaku Kabushiki Kaisha, Tokio. A. 31. 8. 61, O. 17. 4. 69. Kl.: 39b6, 1/00. A.-Z.: P 1470904 (N 20499). Prior.: 19. 9. 60 (Ja; A.-Z.: 38364).

SzP 476066. Verfahren zur Verbesserung der Löslichkeitseigenschaften von Hydroxylgruppen enthaltenden makromolekularen Verbindungen. Erf.: *Franz Schwarzer*. Inh.: Kalle AG, Wiesbaden-Biebrich, Rheingaustraße 190—196 (DB). A. 25. 8. 64. Int. Kl.: C 08 j 1/00. A.-Z.: 11091/64. Prior.: 27. 8. 63 (DB; A.-Z.: K 50656 IVd/39c, DAS 1209751). Entspr. FrP 1410463.

DAS 1285747. Carbodiimide als Kunststoff-Stabilisatoren. Erf.: *Wolfram Neumann, Hans Holtschmidt, Julius Peter* u. *Peter Fischer*. Anm.: Farbenfabriken Bayer AG, 5090 Leverkusen. A. 2. 12. 60, B. 19. 12. 68. Kl.: 39b8, 1/44 (22h, 2 u. 29b, 3/60). A.-Z.: P 1285747 (F 32679). Entspr. SzP 409392, GBP 986200 u. USP 3193522.

DAS 1285177. Vernetzen von Polymerisationsprodukten. Erf.: *Herbert Bartl, Walter Gauß* u. *Julius Peter*. Anm.: Farbenfabriken Bayer AG, 5090 Leverkusen. A. 27. 7. 61, B. 12. 12. 68. Kl.: 39b8, 1/82 (53b, 1, 22i, 1, 8l, 4 u. 21c, 7/01). A.-Z.: P 1285177 (F 34546). Entspr. GBP 960319.

Klasse 42k, 50. Textilprüfung. Verfahren, Vorrichtungen und Maschinen zum Prüfen von Fasern, Fäden, Garnen, Geweben auf ihre mechanischen und Festigkeitseigenschaften, auf Spannungen, mechanische Unregelmäßigkeiten, Drall (Drehung), Porosität

PoP 58226. Elektronisches System eines photoelektrischen Meßwertgebers zur Ermittlung von Garnverdickungen. Erf.: *Janusz Makiewicz, Mirosław Ścibiorski, Wiesław Karolweski, Ryszard Soszyński, Stanisław Dunikowski, Cyprian Pawłowski* u. *Stanisław Cech*. Inh.: Centralne Laboratorium Przemyslu Bawelnianego, Łódź (Po). A. 20. 3. 68. Kl.: 42k, 50.

SUP 248322 (Urheberschein). Zugprüfgerät für Fäden. Erf.: *K. E. Perepelkin, N. S. Juferev, A. N. Rojtich, O. S. Lelinkov* u. *Ju. I. Čekrygin*. Anm.: Leningradskij filial vsesojuznogo naučno-issledovatel'skogo Instituta iskusstvennogo volokna. A. 6. 2. 67. B. 10. 7. 69. Kl.: 42k, 50. A.-Z.: 1130963/28-12.

Klasse 55b. Verfahren zur Herstellung von Zellstoff, Zellstoffkocher, Wiedergewinnung der Ablauge und Abgase

DAS 1295992. Verfahren zur Herstellung von Zellstoff mit hohem Gehalt an Alphacellulose. Erf. u. Anm.: *Sven Byström*, Skoghall (Sv.) A. 21. 7. 64, B. 22. 5. 69. Kl.: 55b, 1/01. A.-Z.: P 1295992 (B 77771). Prior.: 2. 8. 63 u. 8. 11. 63 (Sv; A.-Z.: 8541 u. 12337). Entspr. SzP 411559 u. SvP 307500.

USP 3451889. Verfahren zum Aufschließen von Holz nach dem Sulfatverfahren unter Verwendung organischer Sulfide. Erf.: *Alberto Tirado, Mario Geevara* u. *Virgilio Gonzales*. Inh.: Fabricas de Papel Loreto y Pena Pobre S. A., Villa Obregon, Mex. A. 28. 8. 64, B. 24. 6. 69. Kl.: 162-72, Int. Kl.: D 21 c 3/20. 6 Anspr. A.-Z.: 393495. Entspr. FrP 1452688.

USP 3453174. Aufschluß- und Bleichverfahren, bei dem die aus der alkalischen Extraktion des gebleichten Zellstoffes kommende Flüssigkeit zum Lösen von Schmelze verwendet wird. Erf.: *William Howard Rapson*. Inh.: Hooker Chemical Corp., Niagara Falls, N. Y. A. 24. 1. 66, B. 1. 7. 69. Kl.: 162-30, Int. Kl.: D 21 c 11/12 u. 9/10. 12 Anspr. A.-Z.: 522459.

DOS 1517208. Verfahren zur Aufarbeitung verbrauchter Pulpenflüssigkeiten. Erf.: *Steven Prahacs* u. *Jean J. O. Gravel*. Anm.: Pulp and Paper Research Institute of Canada, Montreal, Quebec (Ca). A. 18. 8. 65, O. 3. 4. 69. Kl.: 55b, 3/20. A.-Z.: P 1517208 (P 37477). Prior.: 19. 8. 64 (Ca; A.-Z.: 909823).

Klasse 55c. Bleichen, Leimen, Färben, Füllen, Beschweren von Papierstoff und Zellstoff, Holländer, Stoffmühlen, Zellstoffaufschließer (teilweise)

SUP 246310 (Urheberschein). Verfahren zum Bleichen von Cellulosemasse. Erf.: *S. A. Duplickij, L. D. Šochor* u. *N. S. Mogilevskaja*. Amn.: Central'nyj naučno-issledovatel'skij Institut bumagodelatel'nogo mašinostroenija. A. 12. 1. 67, B. 11. 6. 69. Kl.: 55c, 1. Int. Kl.: D 21 d. A.-Z.: 1126492/29-33.

DDP 67866. Verfahren und Einrichtung zur Aufbereitung von Zellstoff und ähnlichem. Erf. u. Inh.: *Wilhelm Volle*, Freiberg, Sa. A. 27. 7. 67, B. 5. 7. 69. Kl.: 55c, 11/10. A.-Z.: WP 55c/125954.

Literaturschau

Auszug aus Lieferung 1 und 2/1970 der Referatekartei „Faserstoffe und Textiltechnik", zusammengestellt von der Abteilung Wissenschaftliches Berichtswesen des Instituts für Faserstoff-Forschung der DAW, 153 Teltow-Seehof, Kantstr. 55

I. Wissenschaftliche Grundlagen

Allgemeines

(Untersuchungsmethoden u. a.)

Cichy, P. T., Russell, T. W.: Reaktormodell-Parameter. IEC. Ind. engng. Chem. **61** (1969) 8, S. 15—26.

Ivanov, P. A., Sundukov, A. N.: Elektroviskosimeter mit Synchrogebern. Zavodsk. Labor., Moskva (Betriebslabor) **35** (1969) 10, S. 1262—1264.

Dodge, J. S., Krieger, I. M.: Vergleich der Viskosimetergeometrie bei nichtstationärer Scherungsströmung. Rheologica Acta, Darmstadt **8** (1969) 4, S. 480—482. (engl.)

Berg, L. G., Egunov, V. P.: Quantitative Thermoanalyse. I. Mathematische Probleme der quantitativen Differentialthermoanalyse. J. thermal Analysis, Budapest **1** (1969) 1, S. 5—13. (engl.)

Physik und Chemie der Hochpolymeren

Morgenštern, L. S., El'jaševič, A. M.: Berechnung von Raumeffekten in Makromolekülen für ein gitterloses Modell nach der Monte-Carlo-Methode. Vysokomol. Soed. (Hochmol. Verbind.) Serie A **11** (1969) 11, S. 2396 bis 2399.

Edelmann, K., Wyden, H.: Einfluß des Wasser-Gehaltes von Nylon 12 auf die Schmelzviscosität. Kautschuk, Gummi, Kunststoffe **22** (1969) 11, S. 625—627.

Ueberreiter, K., Melsheimer, J., Springer, J.: Einfluß des Geschwindigkeitsgefälles und der Schubspannung auf die Viskosität verdünnter Lösungen. Untersuchungen an Poly-γ-benzyl-1-glutamat und Polyvinylcarbazol. Kolloid-Z. u. Z. Polymere **234** (1969) 1, S. 989—1000.

Mercier, J. P., Groeninckx, G.: Untersuchung des viskoelastischen Verhaltens von partiell kristallisiertem Biphenol-A-Polycarbonat. II. Die isotherme Spannungsrelaxation. Rheologica Acta, Darmstadt **8** (1969) 4, S. 510—519. (franz.)

Malkin, A. Ja., Dzjura, E. A., Vinogradov, G. V.: Über das Verhältnis zwischen der Ausdehnung des Hochelastizitätsplateau, der relativen Molekülmasse und der Natur einer Polymerkette. Dokl. Akad. Nauk SSSR (Ber. Akad. Wiss. UdSSR) **188** (1969) 6, S. 1328—1331.

Stein, R. S.: Einfluß eines inneren Feldes auf die Doppelbrechung von Polymerkristallen. J. Polymer Sci., A-2: Polymer Physics **7** (1969) 6, S. 1021—1031.

Kaufmann, S., Landgraf, R.: Untersuchungen mit einer Faserdreheinrichtung am Mikroskop. Teil 2. Phänomenologische Theorie zu den Meßergebnissen von optisch zweiachsigen Elementarfäden. Faserforsch. u. Textiltechnik **20** (1969) 12, S. 593—597.

Koenig, J. L., Druesedow, D.: Raman-Spektren von syndiotaktischem Polyvinylchlorid mit gereckten Ketten. J. Polymer Sci., A-2: Polymer Physics **7** (1969) 6, S. 1075—1084.

Fribolin, H., Keilich, G., Siefert, E.: Protonenresonanz, Untersuchungen an Polysaccharid-Derivaten. Angew. Chemie **81** (1969) 20, S. 791—792.

Svegliado, G., Grandi, Z.: KMR-Analyse von chloriertem Polyvinylchlorid. J. appl. Polymer Sci. **13** (1969) 6, S. 1113—1127.

Piskareva, E. P., Ėrenburg, E. G., Poddubnyj, I. Ja.: Untersuchung der Segmentverteilung in Copolymeren mit Hilfe der anisotropen Lichtstreuungsmethode. Dokl. Akad. Nauk SSSR (Ber. Akad. Wiss. UdSSR) **189** (1969) 3, S. 571—572.

Michajlov, N. V., Micheleva, G. A., Ščetner, Ju. F., Vercner, V. N.: Über Anwendungsmöglichkeiten der Niederspannungs-Elektronenmikroskopie für Strukturuntersuchungen an Chemiefaserstoff. Vysokomol. Soed. (Hochmol. Verbind.) Serie B: Kratkie Soobšč. (Kurzmitt.) **11** (1969) 10, S. 720—722.

Becherer, G., Herms, G.: Eine Debye/Scherrer-Kamera für das Filter-Abgleichverfahren oder den Vergleich von zwei Proben. J. sci. Instruments/J. Physics E **2** (1969) 12, S. 1130—1132.

Miyamoto, T., Inagaki, H.: Struktur- und sterische Isomerie von Polypropylenen. J. Polymer Sci., A-2: Polymer Physics **7** (1969) 6, S. 963—981.

Čačkovic, H., Hosemann, R., Wilke, W.: Mosaikstruktur und Korngrenzen in Polyäthylen-Einkristallen. Kolloid-Z. u. Z. Polymere **234** (1969) 1, S. 1000—1008.

Standage, A. E., Matkowsky, R.: Struktur von oxydiertem Polyacrylnitril. Nature, London **224** (1969) 5220, S. 688—689.

Jamaleev, K. M.: Bildung einer axialebenen Textur im Polycaproamid. Vysokomol. Soed. (Hochmol. Verbind.) Serie B: Kratkie Soobšč. (Kurzmitt.) **11** (1969) 10, S. 769—771.

Maklakov, A. I., Zgadzaj, Ė. A., Kurenev, V. V., Lapuka, L. F.: Über die Struktur und molekulare Beweglichkeit der Abbauprodukte bei der Niedertemperatur-Pyrolyse von Polyvinylchlorid. Vysokomol. Soed. (Hochmol. Verbind.) Serie B: Kratkie Soobšč. (Kurzmitt.) **11** (1969) 11, S. 821—823.

Murata, K., Kobayashi, S.: Säulenfraktionierung von Hochdruckpolyäthylen und physikalische Eigenschaften der Fraktionen. I. Die Kristallisationstemperatur von Polyäthylenfraktionen in p-Xylol. II. Einfluß der selektiven Sedimentation auf die Fraktionierung. III. Physikalische Eigenschaften der Fraktionen. Kobunshi Kagaku, Tokyo (Chem. High Polymers) **26** (1969) 292, S. 536—541; 542—547; 548—555. (jap.; engl. Zusammenfass.)

Baltá-Calleja, F. J., Peterlin, A.: Die Langperiode im Grenzfall bei verstrecktem Polyäthylen. J. Polymer Sci., A-2: Polymer Physics **7** (1969) 7 S. 1275—1278.

Abe, A., Hama, T.: Struktur und Eigenschaften von Polyvinylcyclohexan. J. Polymer Sci., B: Polymer Letters **7** (1969) 6, S. 427—435.

Langner, K.: Untersuchungen zur Hohlraumstruktur an Polyacrylnitrilfaserstoffen. Faserforsch. u. Textiltechnik **20** (1969) 12, S. 597—599.

Schrofth, R.: Einfluß der Spinnorientierung auf die Struktur und die Eigenschaften gereckter Polyäthylenterephthalatfäden. Faserforsch. u. Textiltechnik **20** (1969) 12, S. 561–564.

Daum, U., Wales, J. L. S.: Kritische Konzentrationen bei Polystyrollösungen. J. Polymer Sci., B: Polymer Letters **7** (1969) 6, S. 459–462.

Betrabet, S. M., Daruwalla, E. H., Lokhande, H. T., Padhye, M. R.: Quellungsuntersuchungen an Cellulose. Teil I. Intrakristalline Quellung und Dekristallisation in mit Zinkchlorid behandelter Baumwollcellulose. Cellulose Chem. Technology, Jassy/Rum. **3** (1969) 4, S. 309–323. (engl.)

D'Aprano, A., Fuoss, R. M.: Quellung von vernetztem Polyvinyl-4-pyridin. J. Polymer Sci., A-2: Polymer Physics **7** (1969) 6, S. 1101–1109.

Vajsberg, S. Ė., Sičkar', V. P., Stepanov, V. F., Karpov, V. L.: Strahlungsinduzierte Leitfähigkeit und strahlungsinduziertes Kriechen von Polymeren. Vysokomol. Soed. (Hochmol. Verbind.) Serie A **11** (1969) 11, S. 2577–2584.

Sakurada, I., Kaji, K., Nakamae, K., Wadano, S.: Experimentelle Bestimmung der Elastizitätsmoduln der kristallinen Bereiche in Richtung senkrecht und parallel zur Kettenachse bei orientierten Polymeren. IV. Polyäthylenoxid. Kobunshi Kagaku, Tokyo (Chem. High Polymers) **26** (1969) 292, S. 556–560. (jap.; engl. Zusammenfass.)

Gaines, G. L., jr.: Die Oberflächenspannung von Polymerlösungen. I. Lösungen von Polydimethylsiloxanen. J. physic. Chem. **73** (1969) 9, S. 3143 bis 3150.

Malinskij, Ju. M., Prokopenko, V. V., Kargin, V. A.: Über den Mechanismus der „Selbstheilung" von Rissen in Polymeren. Dokl. Akad. Nauk SSSR (Ber. Akad. Wiss. UdSSR) **189** (1969) 3, S. 568–570.

Akiyama, S., Inaba, N., Kaneko, R.: Physikalische Eigenschaften von Polymermischungen. II. Die Verträglichkeit von Polyvinylacetat und Polyvinylnitrat. Kobunshi Kagaku, Tokyo (Chem. High Polymers) **26** (1969) 292, S. 529–535. (jap.; engl. Zusammenfass.)

Rijke, A. M., Mandelkern, L.: Die Schmelzenthalpie von bestrahlten Polyäthylenkristallen. J. Polymer Sci., B: Polymer Letters **7** (1969) 9, S. 651 bis 656.

Kubat, J., Martin-Löf, S., Söremark, Ch.: Dilatometrische Untersuchungen der sekundären Umwandlungen in Cellulose zwischen −5 und +70 °C. Svensk Papperstidn. **72** (1969) 22, S. 731–734. (engl.)

Hochgradig durchsichtiges Polyäthylen. Chem. engng. News **47** (1969) 40, S. 43.

Michels, B., Zana, R.: Ultraschallabsorption durch nichtneutralisierte wäßrige Lösungen von Polyacrylsäure und Polymethacrylsäure. Kolloid-Z. u. Z. Polymere **234** (1969) 1, S. 1008–1015 (franz.).

Saito, S., Yukawa, M.: Solubilisation von Polyvinylazetat durch Dodecylammonium-Thiocyanat. Kolloid-Z. u. Z. Polymere **234** (1969) 1, S. 1015 bis 1017.

Golubev, V. M., Bilimova, E. S., Chin, N. N., Prokof'eva, M. V.: Fraktionierung von Hydroxyäthylcellulose mittels Ultrazentrifuge und durch Fällung. Vysokomol. Soed. (Hochmol. Verbind.) Serie B: Kratkie Soobšč. (Kurzmitt.) **11** (1969) 10, S. 752–755.

Hamielec, A. E., Ray, W. H.: Eine analytische Lösung für die Axialdispersionsgleichung von Tung. J. appl. Polymer Sci. **13** (1969) 6, S. 1319 bis 1321.

Felter, R. E., Moyer, E. S., Ray, L. N., jr.: Gelchromatographie für Adsorptionsuntersuchungen an Polymeren. J. Polymer Sci., B: Polymer Letters **7** (1969) 7, S. 529–533.

Schmiedeknecht, H. H., Claus, W. †: Eine Volumenkorrektur der Reaktionsgeschwindigkeitskonstanten für die Umsetzung zwischen CS_2 und NaOH. Z. physik. Chemie, Leipzig **240** (1969) 5/6, S. 411–414.

Philipp, B., Dautzenberg, H., Schmiga, W.: Kinetische Untersuchungen zur Xanthogenatbildung und bei Hemicellulosen. Faserforsch. u. Textiltechnik **20** (1969) 12, S. 573–577.

Deanin, R. D., Reynolds, H. H., Ozcayir, Y.: Thermische Stabilisierung von Polyvinylchlorid durch Laurate von Metallen der Gruppe II. J. appl. Polymer Sci. **13** (1969) 6, S. 1247–1252.

Ito, E., Okajima, S.: Untersuchungen an cyclischem tris-Äthylenterephthalat. J. Polymer Sci., B: Polymer Letters **7** (1969) 7, S. 483–493.

Minor, J. L., Kihle, L. E., Sanyer, N.: Alkalibeständigkeit von Gluconsäure, Cellobionsäure und Cellobiitol. Tappi, New York **52** (1969) 11, S. 2178 bis 2181.

Simionescu, Ch., Vasiliu-Oprea, C.: Kinetik des mechanochemischen Abbaus der Cellulose durch Schwingmahlung. Cellulose Chem. Technology, Jassy/Rum. **3** (1969) 4, S. 361–381. (dt.)

Furukawa, J., Hirai, R., Nakaniwa, M.: Ein alternierendes Copolymeres aus Butadien und Propylen. J. Polymer Sci., B: Polymer Letters **7** (1969) 9, S. 671–678.

Brestkin, Ju. V., Frenkel', S. Ja.: Zum Abbau der Cellulose bei heterogenen Reaktionen. Vysokomol. Soed. (Hochmol. Verbind.) Serie A **11** (1969) 11, S. 2437–2443.

Physik und Chemie der Monomeren und Oligomeren

Chen, C. Y. S., Swenson, Ch. A.: IR-Spezialuntersuchungen an Lactamen als cis/trans-Modelle für die Peptidbindung. J. physic. Chem. **73** (1969) 9, S. 2999–3008.

Devlin, E. F.: Zersetzung von Xanthogenaten. Herkunft der Bande bei 1515 cm^{-1} im IR-Spektrum von thermisch, zersetzten Xanthogensäuresalzen. J. Polymer Sci., B: Polymer Letters **7** (1969) 7, S. 515–517.

Ein neues Verfahren verwandelt Alkohole in Olefine. Chem. engng. News **47** (1969) 40, S. 41.

Polymerisation

Juržženko, A. I., Vil'šanskij, V. A., Kiričenko, I. N., Smol'janinov, I. V.: Emulsionspolymerisation in Gegenwart kolloider Tenside als Initiatoren. Dokl. Akad. Nauk SSSR (Ber. Akad. Wiss. UdSSR) **189** (1969) 3, S. 580 bis 583.

Zakoščikov, S. A., Ignat'eva, I. N., Nikolaeva, N. V., Pomeranceva, K. P.: Über die Besonderheiten der Umsetzung von Säureanhydriden mit Diaminen im Diffusionsbereich. Vysokomol. Soed. (Hochmol. Verbind.) Serie A **11** (1969) 11, S. 2487–2492.

Fogiel, A. W., Stewart, C. W., sen.: Einfluß monofunktioneller Reaktionsteilnehmer auf den Gelpunkt bei der Polykondensation. J. Polymer Sci., A-2: Polymer Physics **7** (1969) 6, S. 1116–1118.

Ateya, K.: Polykondensation von Oligomeren zu Polyesteramiden. Kolor. Ertesitö, Budapest (Kolor. Rdsch.) **11** (1969) 9/10, S. 190–194. (dt.)

Tanaka, T., Tokuzumi, T., Iwachido, K.: Einfluß des Lösungsmittels auf die Polymerisation von Äthylen mit Ziegler-Katalysatoren. Kobunshi Kagaku, Tokyo (Chem. High Polymers) **26** (1969) 292, S. 566–574. (jap.; engl. Zusammenfass.)

Volochonovič, I. E., Klejmenov, N. A., Markevič, A. M.: Einfluß des Mediums und der Arbeitsbedingungen bei der Polymerisation von Tetrafluoräthylen auf die Geschwindigkeitskonstanten der Elementarakte. Vysokomol. Soed. (Hochmol. Verbind.) Serie A **11** (1969) 11, S. 2544–2548.

Takemoto, K., Imoto, M.: Vinylpolymerisation in Anwesenheit von Cellulose und Wasser. Cellulose Chem. Technology, Jassy/Rum. **3** (1969) 4, S. 347 bis 359. (dt.)

Nikolaev, A. F., Višneveckaja, L. P., Gromova, O. A., Grigor'eva, M. M., Kleščeva, M. S.: Über die Besonderheiten der Copolymerisation von Vinylacetat mit Butylacrylat. Vysokomol. Soed. (Hochmol. Verbind.) Serie A **11** (1969) 11, S. 2418–2423.

Nametkin, N. S., Kožuchova, I. N., Durgar'jan, S. G., Filippova, V. G.: Radikalische Copolymerisation von Vinyltrimethyl(phenyl)silanen mit Acrylnitril. Vysokomol. Soed. (Hochmol. Verbind.) Serie A **11** (1969) 11, S. 2523–2527.

Yamada, M., Takase, I., Tsukano, T., Ueda, Y., Koutou, N.: Synthese und Polymerisation von ungesättigten Derivaten zweibasischer Säuren. XV. Copolymerisation von N-substituierten Maleimiden, die OH-Gruppen mit Vinylmonomeren aufweisen. Kobunshi Kagaku, Tokyo (Chem. High Polymers) **26** (1969) 292, S. 593–601. (jap., engl. Zusammenfass.)

Moriya, M., Yamashita, T.: Die Darstellung und Polymerisation von Alkylenglykolnitratacrylaten und -methacrylaten. Kobunshi Kagaku, Tokyo (Chem. High Polymers) **26** (1969) 292, S. 587–592. (jap.; engl. Zusammenfass.)

Zil'berman, E. N., Sivenkov, E. A., Mičurin, A. A.: Copolymerisation von Methacrylnitril mit Schwefelsäureanhydrid. Vysokomol. Soed. (Hochmol. Verbind.) Serie B: Kratkie Soobšč. (Kurzmitt.) **11** (1969) 10, S. 714 bis 716.

Yamaguchi, T., Hata, Y.: Anionische Polymerisation von Acrylnitril und Copolymerisation von Styrol mit Acrylnitril in Trimethylamin. Kobunshi Kagaku, Tokyo (Chem. High Polymers) **26** (1969) 292, S. 609–619. (jap.; engl. Zusammenfass.)

Širokava, M. K., Zverevskaja, K. I., Mel'nikov, B. N., Moryganov, P. V.: Untersuchen der Wechselwirkung von Acrylamid mit Cellulose. Izv. vysšich uč. Zav. Technol. tekstil. Prom. (Hochschulnachr. Technol. Textil-Ind.) (1969) 3, S. 83–87.

Tichomirov, B. T., Baraban, O. P., Cherošaeva, V. V., Jakubčik, A. I.: Pfropfcopolymerisation von Acrylnitril und niedermolekularem hydriertem Polybutadien mit Hydroxylendgruppen. Vysokomol. Soed. (Hochmol. Verbind.) Serie B: Kratkie Soobšč. (Kurzmitt.) **11** (1969) 11, S. 799 bis 802.

Wiesner, L.: Strahlenverfahren für die Herstellung und Veredlung von Kunststoffprodukten. Chem. Ind., Düsseldorf **21** (1969) 10, S. 674–678.

II. Faserstoffe. Ausgangsstoffe usw.

Naturfaserstoffe

Pflanzliche Faserstoffe

Der Einkauf von Baumwolle stellt für Dan River noch immer eine Angelegenheit von $ 50 Mill./Jahr dar. Textile World **119** (1969) 9, S. 67–70.

Tierische Faserstoffe

Fröhlich, H. G.: Chemisch-physikalische Kennwerte von Tierhaaren. 4. Mitteilung: Mohair. Z. ges. Textilind. **71** (1969) 12, S. 837–838.

Chemiefaserstoffe

Cellulose und Zellstoff

Larson, P. R.: Einbau von ^{14}C in die wachsende Zellwand von Tracheiden von Pinus resinosa: Druckholz und Gegenseite. Tappi, New York **52** (1969) 11, S. 2170–2177.

Pichler, R. M., Hruschka, A., Prey, V.: Sulfitaufschluß mit organischen Basen. Holzforsch. **23** (1969) 6, S. 192–198.

Wells, F. L., Herdle, L. E., Walker, A., jr.: Schnellsulfitaufschluß in konzentrierten Lösungen von Schwefeldioxid. Tappi, New York **52** (1969) 11, S. 2136–2140.

Lagergren, H., Nottström, H., Randahl, U.: Zellstoffbleiche mit Kaliumpermanganat. Svensk Papperstidn. **72** (1969) 22, S. 745–748.

Philipp, B., Baudisch, J.: Untersuchungen zum thermischen Abbau der Cellulose im Hinblick auf chemische und strukturelle Änderungen im Cellulosepräparat. Paperi ja Puu, Helsinki (Papier u. Holz) **51** (1969) 11, S. 813–821. (dt.)

Regeneratfaserstoffe

Turunen, J., Masalin, E., Sjöholm, R., Bruun, H.: Untersuchung des Einflusses von Dialdehyd- und Dicarboxylgruppen auf die Acetylierung der Cellulose. Paperi ja Puu, Helsinki (Papier u. Holz) **51** (1969) 11, S. 803 bis 811.

Synthetische Faserstoffe

Momanu, V.: Synthesefaserwerk Savinesti. Materiale plast., București **6** (1969) 4, S. 223–228.

Polyamid 4 für den Markt bereit. Chem. engng. News **47** (1969) 46, S. 9.

Strel'cov, A. A., Pakšver, Ė. A., Semenov, Ju. P., Prudskaja, L. S.: Anwendung der Methode der Faktoren-Planinetrie für die Untersuchung der Herstellung von Polyacrylnitrilfaserstoff. Zavodsk. Labor., Moskva (Betriebslabor) **35** (1969) 10, S. 1227–1228.

Koch, P.-A.: Faserstoff-Tabellen: Polyacrylnitrilfasern. Textilveredlung, Weinfelden/Schweiz **4** (1969) 11, S. 872–884.

Lennox-Kerr, P.: Spaltfilm erhält ein zweites Aussehen. Textile Ind. **133** (1969) 7, S. 60, 62, 66, 71.

Künstliche mineralische Faserstoffe

ICI gibt Pläne auf. Nature, London **224** (1969) 5220. S. 634.

Havas, I.: Über Verarbeitungsmöglichkeiten von Glasfäden in der Maschenwarenerzeugung. Magyar Textiltechn. **22** (1969) 11, S. 595–602.

Ausgangsstoffe, Schaumstoffe, Kautschuk

Anderson, C. C.: Klebstoffe 1969. IEC. Ind. engng. Chem. **61** (1969) 8, S. 48 bis 52.

Seymour, R. B.: Kunststoffchemie und -verfahrenstechnik. IEC. Ind. engng. Chem. **61** (1969) 8, S. 28–41.

Haly, A. R., Snaith, J. W.: Die spezifische Wärme von Polyäthylenterephthalat (PAT) und die Fusion des absorbierten Wassers. Textile Res. J. **39** (1969) 10, S. 906–911.

III. Fäden-Herstellungstechnologien

Spinnerei. Zwirnerei

Spinnereivorbereitung

Ljasič, V. A.: Untersuchung des relativen Gleitens des Röstflachses auf den Riffelwalzen der Knickmaschinen. Izv. vysšich uč. Zav. Technol. tekstil. Prom. (Hochschulnachr. Technol. Textil-Ind.) (1969) 3, S. 37–39.
Sumetov, V. A., Chomuckij, N. D.: Zum Problem der rationellen Trocknungsbedingungen für Strohflachs bei dessen Aufbereitung zu Bast. Izv. vysšich uč. Zav. Technol. tekstil. Prom. (Hochschulnachr. Technol. Textil-Ind.) (1969) 3, S. 31–34.
Tóth, B.: Die Lage und geplante Entwicklung des sowjetischen Textilmaschinenbaus. Magyar Textiltechn. **21** (1969) 11, S. 577–581.
Woźnicki, A., Gutowski, L.: Analyse der Arbeitsweise des Kastenspeisers mit Wiegevorrichtung 1 N. Przegl. włókienn. (Textil-Rdsch.) **23** (1969) 9, S. 417–423.
Sevost'janov, A. G., Zavilevič, M. L.: Algorithmus des Prozesses des zufälligen Mischens einer Faserschicht.
Izv. vysšich uč. Zav. Technol. tekstil. Prom. (Hochschulnachr. Technol. Textil-Ind.) (1969) 3, S. 44–48.

Spinnerei

Schlese, G.: Stand der Technik und Entwicklungstendenzen in der Grobgarnspinnerei. Spinner, Weber, Textilveredlung **87** (1969) 11, S. 1069 bis 1078.
Owalekar, R. G.: Der Einfluß der Häkchen in Wickeln auf die Kämmling-Fraktionierung während des Kämmens von Baumwolle. Textile Res. J. **39** (1969) 10, S. 893–905.
Kocsis, J., Gyulai, R.: Technologische Prüfung von Doppelriemchen-Streckwerken in der Baumwollindustrie. 2. Teil. Magyar Textiltechn. **21** (1969) 11, S. 585–589.

Zwirnerei

Gorjačev, M. I., Chaimov, B. Ja., Akbarov, P. A.: Verhinderung der Schlingenbildung beim Ausschalten von Seidenzwirnmaschinen. Tekstil. Prom., Moskva (Textil-Ind.) **29** (1969) 9, S. 16–17.

Erzeugnisse der Spinnerei und Zwirnerei

Neues Garnsystem stellt das Mischen in den Vordergrund. Textile World **119** (1969) 8, S. 64–65.
Effektgarn, ein vorzügliches Material für modische Kleidung. Japan Textile News (1969) 176, S. 78–79.

Texturfäden

Dorset, B. C. M.: Fasereigenschaften: Neue Entwicklungen auf dem Gebiete der Modifizierung und Kräuselung. Textile Manuf. **95** (1969) 1136, S. 326–332.
Lünenschloß, J., Azarschab, M., Busch, F.: Vergleich von Maschenwaren aus hochelastischen Polyamid- und Polyester-Kräuselgarnen sowie Cove-Garnen aus Elastomeren mit Wollmantel. Wirk.- u. Strick.-Technik **19** (1969) 12, S. 1039–1041, 1045–1048, 1067, 1072.
Lünenschloß, J. W., Helli, J. G.: Die Texturierung von Chemiefäden im Luftstrom — Schluß. — Textil-Praxis **24** (1969) 11, S. 722–725.
Schlegel, H., Weber, W.: Fadentemperaturmessungen an Falschdraht-Texturiermaschinen. Dt. Textiltechnik **19** (1969) 12, S. 774–779.
Schröter, U.: Einfluß der Elementarfadenfeinheit von Polyamidseiden auf den Textureffekt und die Auswirkung auf Flächengebilde — Düsenverfahren. Dt. Textiltechnik **19** (1969) 12, S. 779–782.

IV. Flächengebilde-Herstellungstechnologien

Krause, H. W.: Probleme bei der Verarbeitung von Elastomerfäden. III u. Schluß. Tex. Doetinchem/Nd. **28** (1969) 6, S. 288–291; 7/8, S. 335 bis 337.

Materialvorbereitung

Zajcev, V. P.: Über die Wicklungsstruktur bei Zettelwalzen. Izv. vysšich uč. Zav. Technol. tekstil. Prom. (Hochschulnachr. Technol. Textil-Ind.) (1964) 4, S. 65–68.
Blumenstein, C. R.: Schlichte und Faser/Garn-Beziehungen. Teil 2. Textile Ind. **133** (1969) 7, S. 51–53, 55, 56, 58.

Weberei

Čugin, V. V.: Arten der künstlichen Gewebekanten und ihre vergleichende Beurteilung. Izv. vysšich uč. Zav. Technol. tekstil. Prom. (Hochschulnachr. Technol. Textil-Ind.) (1969) 4, S. 74–77.
Erochin, Ju. F.: Regulieren der Kettfadenzugkraft im Fach beim Herstellen leinwandbindiger Gewebe. Izv. vysšich uč. Zav. Technol. tekstil. Prom. (Hochschulnachr. Technol. Textil-Ind.) (1969) 3, S. 79–82.

Weberei-Technologie

Svaty, V.: Technologie des Webens mit pneumatischen Webstühlen. Invest. Inform. textil, Barcelona **12** (1969) 3, S. 327–331.
Sawhney, A. P. S.: Ein Entwurf eines neuen Prinzips der „periodischen Webfachkonfiguration" zur Verbesserung der Herstellung dichter Gewebe mit Leinwandbindung. Ann. sci. textiles belges (1969) 3, S. 94 bis 109. (engl.)
Hollstein, H.: Technisch-ökonomische Betrachtungen zu Webverfahren mit kontinuierlichem Schußeintrag. Dt. Textiltechnik **19** (1969) 12, S. 762 bis 768.
Kedrov, B. I., Mitjaev, G. F.: Zum Problem der Effektivität der Einführung pneumatischer Webmaschinen. Izv. vysšich uč. Zav. Technol. tekstil. Prom. (Hochschulnachr. Technol. Textil-Ind.) (1969) 4, S. 85–89.

Erzeugnisse der Weberei

Tárnoky, F.: Leinengewebe mit neuer Rohstoffzusammensetzung. Magyar Textiltechn. **22** (1969) 11, S. 603–606.
Ezerski, G. E.: Hochwertige Gewebe für Schuhwerk erforderlich. Tekstil. Prom., Moskva (Textil-Ind.) **29** (1969) 9, S. 8–12.

Wirkerei und Strickerei. Konfektionstechnik. Sonstige Technologien

Japans Maschenwarenindustrie jetzt auf der zweiten Teilstrecke. Japan Textile News (1969) 176, S. 46–48.
Verwendung von Flachs in der Wirkerei. I. Orientierende Untersuchung im Hinblick auf die Verwendung von naß versponnenem Flachs in der Wirkerei. II. Beitrag zur Untersuchung von Flachs/Polyester-Mischungen auf ihre Verwendbarkeit in der Wirkerei. Bull. Inst. Textile France **23** (1969) 143, S. 483; 484–495; 497–584.
Bartnicka, B.: Jacquardgestricke von Multicolor-Maschinen. Przegl. włókienn. (Textil-Rdsch.) **23** (1969) 9, S. 424–432.

Wirkerei- und Strickerei-Technologie

Seidel, L. E.: Eine Stand-Betrachtung der KAE. Textile Ind. **133** (1969) 7, S. 85, 87, 88, 88b, 89.
Potemkin, P. A., Rojtenberg, Z. M.: Automatisches Bilden der Anfangsreihen bei zweifonturigen Strickmaschinen. Tekstil. Prom., Moskva (Textil-Ind.) **29** (1969) 9, S. 32–34.

Erzeugnisse der Wirkerei und Strickerei

Förster, E.: Einsatz texturierter Polyamidseiden für Flachkettengewirke. Bekleid. u. Maschenware 8 (1969) 5, S. 199–200.
Einsatz von Texturseiden bei der Trikotagenherstellung in Italien. Tekstil. Prom., Moskva (Textil-Ind.) **29** (1969) 9, S. 35–36.

Konfektion

Donner; Neukirchner, A.: Untersuchung des Einflusses von Oberflächenbeschaffenheit und Ausrüstung von Geweben auf die Klebefestigkeit. Bekleid. u. Wäsche **21** (1969) 23, S. 1838–1848; 24, S. 1933–1943.
Riscutia, C., Petrescu, C., Wittner, E.: Anwendung der fotostereotomischen Methode in anthropometrischen Untersuchungen, die in der Konfektionsindustrie benutzt wird. Ind. textila, București **20** (1969) 10, S. 720–725.

Textilverbundstoffe

Faserverbundstoffe. Vliesstoffe

Aus der Textilindustrie. Tekstil. Prom., Moskva (Textil-Ind.) **28** (1968) 5, S. 50, 51.
Berának, M., Kudláček, D.: Zusammenfassende Auswertung der Technologie der mechanischen Verfestigung von Vliesen auf einer Nadelmaschine und ihre Anwendung in der Textilindustrie bei der Erzeugung von Nähwirkstoffen. Teil I und II. Inform. Přehled. Výzkumný Úst. Pletařský, Brno (Inform.-Übers. Wirkerei-Inst.) (1968) 3/4, S. 88–106; (1969) 3, S. 20–38.
Bobeth, W.: Technologie im Zeichen der wissenschaftlich-technischen Revolution. Wirtschaft, Ausg. A **24** (1969) 48, S. 13–15.
Gute Aussichten für Wegwerfwäsche. US-Umsatz bald eine Milliarde $. Chem. Ind., Düsseldorf **21** (1969) 10, S. 714–716.

Fadenverbundstoffe

Perner, H., Raue, P., Fietz, S.: Der Einfluß der Fadeneinheit auf die textilphysikalischen Eigenschaften von Nähgewirken. Dt. Textiltechnik **19** (1969) 12, S. 745–749.

Schichtstoffe

Nicht verwirklichte Gewinnmöglichkeit der Tuftingindustrie. Teil 1 u. 2. Textile Ind. **133** (1969) 5, S. 55; 7, S. 35–46.

V. Textilveredlung

Franke, W.: Dämpfen, Krumpfen und Egalisieren von Wollstrickwaren. Wirk.- u. Strick.-Technik **19** (1969) 12, S. 1063, 1064, 1066.
Färben und Ausrüsten aus Lösungsmitteln. Allg. prakt. Chemie, Wien **20** (1969) 10, S. 340.
Kamel, M., Farag, A., Mahmoud, A. M.: Kombiniertes Färben und Knitterfestmachen von Baumwollgewebe mit Säurefarbstoffen und Harzvorkondensationsprodukten. Teil I. Teil II. Eine vorläufige Erklärung des Verfahrensmechanismus. Textilveredlung, Weinfelden/Schweiz **4** (1969) 11, S. 839–845; 846–850.
Senner, P.: Das Trocknen, Dämpfen und Fixieren von Textilien. Textil-Praxis **24** (1969) 11, S. 729–733.
Programmierte Tumblertrocknung in der Lohnfärberei. Internat. Dyer, Textile Printer, Bleacher, Finisher **142** (1969) 8, S. 584.

Farbstoffe. Textilhilfsmittel

Neue Farbstoffe und Textilapplikationsprodukte. Textilveredlung, Weinfelden/Schweiz **4** (1969) 11, S. 884–886.
Egginger, R., Weidauer, G.: Charakteristiken von Textilhilfsmitteln (Tensiden) sowie deren Identifizierung mit Hilfe der Dünnschichtchromatographie. Spinner, Weber, Textilveredlung **87** (1969) 11, S. 1084–1086, 1088.
Dional — ein neues Lösungsmittel von Hoechst aus der Fluorchemie. Reiniger-Rev./Chem. Reinigung/Färberei **12** (1969) 11, S. 394.

Färberei

Deering Milliken automatisiert Färberei. Textile World **119** (1969) 9, S. 126 bis 127.
Sadov, F. I., Kričevskij, G. E., Movšovič, I. M.: Kinetik des Färbens von Cellulosefaserstoffen mit Reaktivfarbstoffen. Izv. vysšich uč. Zav. Technol. tekstil. Prom. (Hochschulnachr. Technol. Textil-Ind.) (1969) 3, S. 88–91.
Kollodzeiski, N.: Das Färben von Polyester-/Polyacrylnitrilfaser-Mischungen. Chemiefasern **19** (1969) 11, S. 895–898.
Hudson, A. E.: Kontinuierliche Stückfärberei mit Remazol-Farbstoffen. Internat. Dyer, Textile Printer, Bleacher, Finisher **142** (1969) 7, S. 515, 516, 519–521, 524, 526.
Das Färben der heutigen „heißesten" Gestricke bzw. Gewirke. Textile World **119** (1969) 8, S. 104–106.
Andreeva, M. V., Moryganova, E. S., Lušnikova, L. G.: Zum Problem der Thermodynamik des Wollfärbens mit Kubosolen.
Izv. vysšich uč. Zav. Technol. tekstil. Prom. (Hochschulnachr. Technol. Textil-Ind.) (1969) 4, S. 94–98.
Carbonell, J., Walliser, R.: Über das Färben von modifizierten Polypropylenfaserstoffen. Textilis, Gent **25** (1969) 4, S. 17–18, 20–22.
Visciglio, G.: Traditionelles Färben und neue Färbemethoden für Acryl-HB-Garne mit kationischen Farbstoffen. Fibre e Colori, Milano **19** (1969) 6, S. 217–221.

Druckerei

Ornaf, W.: Natriumalginat — Zusammenhänge zwischen strukturellen Eigenschaften und drucktechnischem Einsatz. Textilveredlung, Weinfelden/Schweiz **4** (1969) 11, S. 850–861.
Thermodruck nach dem Sublistatic-Verfahren auf synthetischen Faserstoffen. Internat. Dyer, Textile Printer, Bleacher, Finisher **142** (1969) 6, S. 449, 451.

Ausrüstung. Trocknung

Möller, H.: Neuentwickeltes Verfahren zur Modifizierung von Kunststoff-Schaumstoff, Textilien und Folien. Bekleid. u. Wäsche **21** (1969) 22, S. 1781–1782.
Harris, J. A., Mares, T., Jett, C. A., Hoffman, M. J.: Durable-Press-Ausrüstung von Baumwolle mit Hilfe von Copolymeren. Teil 2. Textile Ind. **133** (1969) 7, S. 117, 118, 122, 123, 125, 131.
Klitzsch, R.: Strickwarenausrüstung in Perchloräthylen. Teil III. Filzfreiausrüstung von Strickwaren (vorzugsweise fully-fashioned-Artikel, Strickteile, konfektionierte Teile und Strümpfe. Wirk.- u. Strick.-Technik **19** (1969) 12, S. 1049–1053.
Kleber, R.: Die Pflegeleicht-Ausrüstung (Soil Telease) von Synthetics unter besonderer Berücksichtigung von Gardinen. Chemiefasern **19** (1969) 10, S. 809–816; 11, S. 898–906.
Riedel, D.: Neuartige Verfahrenstechnik beim kontinuierlichen Pressen von Geweben aus Wolle und Wollmischungen. Textil-Praxis **24** (1969) 11, S. 739–741.
Haug, E., Hehl, M.: Die Ausrüstung von Mischgeweben aus Polyester/Cellulosefasern. Textil-Praxis **24** (1969) 11, S. 741–746.
Feughelman, M., Mitchell, T.: Die mechanische Ähnlichkeit von „geschmolzenen" und dauerhaft fixierten Keratinfasern. Textile Res. J. **39** (1969) 10, S. 930–937.
Filatov, M. S., Šmeleva, L. S., Pugačevskij, G. F.: Einfluß der Art der Appretur von Viskosefasergeweben auf deren Verschleiß beim Waschen. Izv. vysšich uč. Zav. Technol. tekstil. Prom. (Hochschulnachr. Technol. Textil-Ind.) (1969) 4, S. 29–31.
Franklin, W. E., Mack, Ch. H., Rowland, St. P.: Reversible Faltenbildung in Geweben aus Baumwollcellulose, die mit Dicyclopentadiendicarboxylat behandelt wurde. Textile Res. J. **39** (1969) 10, S. 943–949.
Ruta, D.: Auswahl der Fasern und der Vernetzungsharze für „Permanent Press". II. Fibre e Colori, Milano **19** (1969) 6, S. 233–240.
Kaesler, K. P.: Silikonisieren im FKW-Lösungsmittel R 11. Chemischreiniger u. Färber/Färber-Ztg. **22** (1969) 11, S. 566–568.

Wäscherei. Chemische Reinigung

Schneegluth-Cugat, C.: Möglichkeiten der Trockenreinigung. II. Tex, Doetinchem/Nd. **28** (1969) 6, S. 295–296.
Oldenroth, O.: Forschung + Beratung = Anwendung. Wäschereitechnik u. -chemie **22** (1969) 11, S. 537–540.

VI. Werkstoffprüfung. Meß- und Prüftechnik. Standardisierung

Valk, G., Absenger, R., Ruppert, K.-H.: Möglichkeiten zur Aufklärung von Schadensfällen durch moderne Analysenverfahren. Z. ges. Textilind. **71** (1969) 12, S. 858–862.

Eigenschaften und Fehler der Textilmaterialien u. a.

D'Albignac, J.: Metallfarbstoffe und der photochemische Abbau des Polyamid 6.6. Ind. textila, Bucureşti **20** (1969) 10, S. 726–738.
Bhatnagar, G. M., Gruen, L. C.: Fluoreszenzeigenschaften modifizierter Wolle. Textile Res. J. **39** (1969) 10, S. 938–942.
Kirjuchin, S. M.: Auswerten der Scheuerprüfergebnisse bei Fäden. Izv. vysšich uč. Zav. Technol. tekstil. Prom. (Hochschulnachr. Technol. Textil-Ind.) (1969) 4, S. 15–20.
Stefănescu, E., Dumitru, C.: Möglichkeiten der Analyse des Pillingeffektes. Ind. textila, Bucureşti **20** (1969) 10, S. 716–719.
Calistru, E., Ciovica, S., Doniga, E.: Untersuchungen an einheimischen Celluloseregeneratfaserstoffen. III. Strukturuntersuchungen mittels chemischer Accessibilitätsmethoden. Celuloza şi Hirtie, Bucureşti (Cellulose u. Papier) **18** (1969) 9, S. 447–453.
Komarov, V. G., Gol'dšmidt, V. G.: Gerät zum Prüfen eines sich bewegenden Fadens. Izv. vysšich uč. Zav. Technol. tekstil. Prom. (Hochschulnachr. Technol. Textil-Ind.) (1969) 3, S. 23–26.
Hueso, J. A.: Anwendung von Elektrophorese und Chromatographie für die Untersuchung von Peptiden. I. Zusammensetzung der Peptide. Invest. Inform. textil, Barcelona **12** (1969) 3, S. 317–325.
Hoffrichter, S., Tomoschat, K.-D.: Über fehlerhafte Fasern in Polyesterfaserstoffen. Faserforsch. u. Textiltechnik **20** (1969) 12, S. 578–586.
Dittmann, H., Henkel, H., Kaufmann, S., Lochmüller, O.: Dickstellen in gereckter Polyamidseide und ihre Entstehungsursachen. Teil 4. Der Wasserhaushalt der Spinnspule. Faserforsch. u. Textiltechnik **20** (1969) 12, S. 564–572.
Veirman, E.: Analyse einiger nicht-cellulosischer Bestandteile von Flachs. I. Freie und wasserlösliche Zucker. Ann. sci. textiles belges (1969) 3, S. 58–67. (fläm.)
Bona, M.: Experimenteller Beitrag zur Untersuchung der Unregelmäßigkeit von Karos in Kammgarngeweben. Bull. Inst. Textile France **23** (1969) 143, S. 505–517.
Ogilvie, G., Rourke, J. G.: Einführung des metrischen Systems in der Juteindustrie. Textile Manuf. **95** (1969) 1136, S. 315–316.
Nestler, R., Falke, H.: Die Veränderung der Festigkeitseigenschaften von Nähfäden beim Nähen auf Industrie-Nähmaschinen. Faserforsch. u. Textiltechnik **20** (1969) 12, S. 587–593.
Wegener, W., Schubert, G.: Lagerungs- und thermische Behandlungseinflüsse auf die durch Fadenzugkraftschwankungen hervorgerufenen Eigenschaftsunterschiede von Polyamid-Fäden. Wirk.- u. Strick.-Technik **19** (1969) 12, S. 1034–1039.

Meß- und Prüftechnik

Kosmowski, A.: Berührungsloses Messen von Dicke, Dichte und Feuchte. Chem. Ind., Düsseldorf **21** (1969) 10, S. 686–688.
Schuringa, A.: Ein Viskosimeter mit konstanter Scherkraft. J. sci. Instruments/J. Physics E **2** (1969) 12, S. 1093–1094.
Blankenburg, G., Philippen, H., Spiegelmacher, P.: Probleme der Bündel-Zugprüfung an Wolle. Z. ges. Textilind. **71** (1969) 12, S. 830–836.
Catoire, B., Hagege, R., Meimoun, D.: Über einige Anwendungsbedingungen von Osmiumtetroxid zum Sichtbarmachen von gequollenen Strukturen im Elektronenmikroskop. Bull. Inst. Textile France **23** (1969) 143, S. 521 bis 526.
Kudla, F.: Labor-Instrument KOLTEST. Textil, Praha **24** (1969) 11, S. 369 bis 370.
Kóczy, L.: Ein Gerät zum Modellieren und Analysieren von rheologischen Schaulinien visko-elastischer Stoffe. Magyar Textiltechn. **21** (1969) 11, S. 582–584.
Abonyi, I.: Analyse der Faserverteilung von Mischungen durch die Methode der statistischen Kontrollgrenzen. Magyar Textiltechn. **22** (1969) 11, S. 619–623.
Trommer, G.: Ursachen der relativ niedrigen Fasersubstanzfestigkeitsausnutzung im Garn und Möglichkeiten ihrer Verbesserung. Dt. Textiltechnik **19** (1969) 12, S. 750–756.
Langemann, H.: Durchflußmessungen im Laboratorium. Chem. Ind., Düsseldorf **21** (1969) 10, S. 859–869.
Olofsson, B.: Die Geometrie gebogener (gefalteter) Stoffe. Textile Res. J. **39** (1969) 10, S. 980–981.
Waechter, K. H.: Die Anwendung von mit Radionukliden arbeitenden Flächengewichtsmeßanlagen bei der Rationalisierung in Textilbetrieben. Chemiefasern **19** (1969) 11, S. 914–919.
Vorobžanskij, V. V., Zorin, N. P., Rozov, A. A., Tišaninov, P. E.: Gerät zur Untersuchung der mechanischen Charakteristiken von Polymeren. Zavodsk. Labor., Moskva (Betriebslabor) **35** (1969) 10, S. 1252–1254.
Beljakov, B. I., Gordeev, V. A.: Bestimmen der Unregelmäßigkeit der Spannung des Fadensystems beim Zetteln mittels Analyse der Verteilung der Reißdehnungen der Fäden. Izv. vysšich uč. Zav. Technol. tekstil. Prom. (Hochschulnachr. Technol. Textil-Ind.) (1969) 3, S. 70–73.
Neukirchner, A.: Licht- und elektronenmikroskopische Beiträge zur Veränderung von Gewebeoberflächen durch Appreturen, Kalanderungen, Prägungen. Chemiefasern **19** (1969) 11, S. 906–914.

Standardisierung. Terminologie

Brennbarkeitsstandards in den USA. Internat. Dyer, Textile Printer, Bleacher, Finisher **142** (1969) 8, S. 575–576.

VII. Betriebstechnik. Ökonomie. Tagungsberichte und dgl.. Sonderfragen

Betriebstechnik

Goth, D., Kraushaar, R.: Aufbau von betrieblichen Datenübertragungsanlagen aus Bausteineinheiten. VDI-Z. **111** (1969) 22, S. 1557–1562.
Pawlitta, D., Thiel, G.: Energieträgersubstitution in der Textilindustrie. Energieanwendung **18** (1969) 12, S. 269–273.
Handel, G.: Einführung in die Regelungstechnik. VI. Z. ges. Textilind. **71** (1969) 12, S. 863–871.
Eine Neuentwicklung auf dem Gebiet der Oberwalzenbezüge für Spinnmaschinen. Spinner, Weber, Textilveredlung **87** (1969) 11, S. 1093 bis 1094.
Heinrich, F. W.: Wachsende Bedeutung der Abwasserfragen für das gesamte Textilreinigungsgewerbe. Reiniger-Rev./Chem. Reinigung/Färberei **12** (1969) 11, S. 391–392, 394.
Klank, D.: Anwendungsbeispiele für die Lagertechnik in der Konfektionsindustrie. Bekleid. u. Maschenware **8** (1969) 5, S. 225–227.
Sebastian, V.: Tendenzen der Mechanisierung und Automatisierung im Nähsaal. Bekleid. u. Maschenware **8** (1969) 3, S. 134–135.
Rüb, F.: Klimatechnische Einrichtungen bei der Herstellung und Verarbeitung von Chemiefasern. Chemiefasern **19** (1969) 11, S. 919–922.
Kitov, A.: Das automatisierte Leitungssystem eines Industriezweiges. Organisation **3** (1969) 6, S. 4–10.

Ökonomie

Albrecht, G., Aust, H. J., Kund, J., Mayer, P.: Arbeitsnormung in produktionsvorbereitenden Bereichen. Arbeit und Arbeitsrecht **24** (1969) 23, S. 711–716.
Neubert, J.: Psychologische Probleme an Arbeitsplätzen mit Überwachungsleistungen bei Prozessen. Fertigungstechnik u. Betrieb **19** (1969) 12, S. 714 bis 717.
In Europa steigt der Absatz von enzymatischen Waschmitteln. Chem. engng. News **47** (1969) 48, S. 25–26.
Bušuev, V. M.: Die chemische Industrie auf ein neues technisches Niveau. Z. vsesojuz. chim. Obšč. Mendeleeva (Z. chem. Allunions-Mendelejew-Ges.) **14** (1969) 5, S. 482–489.
Catling, H., Wiseman, L. A.: Faktoren, die die Techniken der 70er Jahre bestimmen werden. Textile Inst. Ind. **7** (1969) 11, S. 295–301.
Bück, F. M.: Zur Prognose von Wirtschaftsdaten mit Hilfe der Trend-Extrapolation. Wirk.- u. Strick.-Technik **19** (1969) 12, S. 1025–1033.
Mattock, K.: Wollwaren aus Hongkong werden „mündig". Textile World **119** (1969) 9, S. 72–75.
Faserstoffproduzenten stehen der Einschränkung von Textilimporten gleichgültig gegenüber. Chem. engng. News **47** (1969) 44, S. 24–25.
Pöschel, H.: Ökonomie und Ideologie in Forschung und Technik. Neuerer, Ausg. B (1969) 11, S. 243–248.
Europäische Firmen gleichen sich der Aktivität der USA-Firmen an. Chem. engng. News **47** (1969) 41, S. 16–17.
Bodenbeläge. Folien und beschichtete Gewebe im Jahre 1969. Kunststoff-Berater **14** (1969) 12, S. 1019–1020, 1022.
Viskosefaserstoff verhält sich besser als erwartet. Chem. engng. News **47** (1969) 45, S. 22.
Runge, G.: Wie ist in der Textilindustrie die Preisarbeit zu verbessern? Wirtschaft, Ausg. A **24** (1969) 50, S. 12.
Wissenschaftliche Arbeitsorganisation – ein Erfordernis des technischen Fortschritts und des ökonomischen Systems des Sozialismus. Wirtschaft, Ausg. A **24** (1969) 48, Beilage S. 1–16.

Sonderfragen

Dinu, Gh. M.: Wissenschaftliche Forschung in der chemischen Industrie der SRR. Materiale plast., Bucureşti **6** (1969) 4, S. 200–202.
Der Wortlaut des Textilkennzeichnungsgesetzes. Wäschereitechnik u. -chemie **22** (1969) 11, S. 551–552.
Beaumont, C., Thomas, H. A.: Textilien und Raumfahrt. Textile Inst. Ind. **7** (1969) 11, S. 307–309.
Lambert, F.: Die Organisation eines Ausbildungsprogrammes in einer Spinnerei. Textile Inst. Ind. **7** (1969) 11, S. 310–311.
Bittnick, G.: Grundsätze sozialistischer Leitungstätigkeit. Farbe u. Raum (1969) 12, S. 5–6.
Böhme, H.: Zur erkenntnistheoretischen Funktion experimenteller Untersuchungen in den technischen Wissenschaften. Wiss. Z. d. Techn. Hochsch. Karl-Marx-Stadt **11** (1969) 2, S. 215–224.
Schmölders, G.: Die Ausbildung von technischen Führungskräften für die Wirtschaft. VDI-Z. **111** (1969) 22, S. 1550–1556.
Butler, S.: Was „gut gekleidete" Mondmenschen tragen. Textile World **119** (1969) 8, S. 61.

FSC
www.fsc.org
MIX
Papier | Fördert gute Waldnutzung
FSC® C083411

Zeitfracht Medien GmbH
Ferdinand-Jühlke-Straße 7
99095 Erfurt, Deutschland
produktsicherheit@kolibri360.de